站在巨人的肩上
Standing on Shoulders of Giants

iTuring.cn

站在巨人的肩上

Standing on Shoulders of Giants

iTuring.cn

TURING 图灵程序设计丛书

数据架构

大数据、数据仓库以及Data Vault

【美】 W.H. Inmon　Daniel Linstedt　著

唐富年 译

Data Architecture

A Primer for the Data Scientist:
Big Data, Data Warehouse
and Data Vault

人民邮电出版社

北　京

图书在版编目（CIP）数据

数据架构：大数据、数据仓库以及Data Vault /
（美）威廉.H·英蒙（W.H. Inmon），（美）丹尼尔·林斯
泰特（Daniel Linstedt）著；唐富年译. -- 北京：人
民邮电出版社，2017.1
　（图灵程序设计丛书）
　ISBN 978-7-115-43843-0

　Ⅰ．①数… Ⅱ．①威… ②丹… ③唐… Ⅲ．①数据处
理 Ⅳ．①TP274

中国版本图书馆CIP数据核字(2016)第254063号

内 容 提 要

　　本书是数据仓库之父 Inmon 的新作，探讨数据的架构和如何在现有系统中最有效地利用数据。本书的主题涵盖企业数据、大数据、数据仓库、Data Vault、业务系统和架构。主要内容包括：在分析和大数据之间建立关联，如何利用现有信息系统，如何导出重复型数据和非重复型数据，大数据以及使用大数据的商业价值，等等。

　　本书的读者对象包括大数据架构师、数据科学家以及从事数据分析和研究的科研人员。

◆ 著　　　　[美]　W.H. Inmon　Daniel Linstedt
　　译　　　　唐富年
　　责任编辑　朱　巍
　　执行编辑　杨　琳　赵瑞琳
　　责任印制　彭志环

◆ 人民邮电出版社出版发行　　北京市丰台区成寿寺路11号
　　邮编　100164　电子邮件　315@ptpress.com.cn
　　网址　http://www.ptpress.com.cn
　　北京昌平百善印刷厂印刷

◆ 开本：800×1000　1/16
　　印张：18.25
　　字数：442千字　　　　　　　2017年1月第1版
　　印数：1 – 4 000册　　　　　2017年1月北京第1次印刷

著作权合同登记号　图字：01-2015-2831号

定价：69.00元
读者服务热线：(010)51095186转600　印装质量热线：(010)81055316
反盗版热线：(010)81055315
广告经营许可证：京东工商广字第 8052 号

译　者　序

　　学习大师的著作通常令人满怀景仰，而翻译大师的著作又往往让人惴惴不安。Inmon 的著作总是将复杂的技术讲解得通俗易懂，体现出清晰的知识脉络，阐述观点的视角也非常独到。"授人以鱼，不如授之以渔。"这本书讲述的是原理、架构和方法论，颇有授人以"捕鱼之术"的味道。本书有三个比较重要的关键词：数据架构、大数据和 Data Vault。对于工程技术人员、管理人员（包括行政管理人员和信息管理人员）以及从事各种数据分析和研究的科研人员而言，本书绝对是一本不可错过的好书。

　　从本质上讲，数据架构与建筑架构并无二致。没有良好定义的架构，就难以支撑起数据的捕获、计算、分析和管理运维等各个环节，更不用说管理和使用海量数据了。为什么我们的数据总是难以集成和交换？为什么我们的信息系统总是不够可靠，生命周期是那么短暂？为什么我们难以从数据中分析挖掘出业务价值？关键就在于我们在数据架构设计上投入的精力太少，总是草草地完成（甚至是跳过）设计阶段的工作，急匆匆地进入实施阶段，而忽略了数据的本质特性。

　　"大数据"的概念出现之后，在一种急功近利的狂躁情绪的牵引下，在商业包装和媒体炒作的推动下，在信息化的很多角落里，很多人正在试图将原来的"小垃圾桶"换成新的"大垃圾桶"；但是，真正从大数据技术中获益的人要远少于宣传大数据的人，而且"大数据"这个词实际上正面临着滥用的危险。在我们的各种数据标准尚不够完善之时，在我们的数据架构仍然存在短板之时，我们的大数据走不了多远。在静下心来读完这本书之后，相信你对此会有更为深刻的体会，不会再被各种有关大数据的华丽辞藻和神话传说迷住双眼。

　　Data Vault 是本书的核心内容，蕴含着 Inmon 等人对数据仓库这门技术在大数据环境下如何发展和走向成熟的思考。在本书翻译之初，我曾经信誓旦旦地对编辑说，要在翻译工作结束之后为 Data Vault 这个英文词组找一个对应的汉语词组。遗憾的是，在全部翻译工作完成之后仍然未能如愿。我曾经试图将 Data Vault 翻译成"数据仓""数据宝库""数据仓储""数据库所"等，但是又觉得这其中的每一个都有不妥。Data Vault 的内涵比数据仓库丰富得多，也更加雄心勃勃。就我的理解来说，如果将企业视为一个封闭世界，那么 Data Vault 所面向的就是这个世界穹顶之下的所有数据。为了避免混淆和误导，在找到一个足够准确的词组之前，我觉得还是不作翻译为好。

　　虽然已经竭尽绵力，但是译文仍难免有错误和疏漏之处，还望读者海涵。感谢图灵公司的各位编辑为本书付出的心血与汗水。

唐富年

2016 年 3 月于济南

前　　言

　　不久前有一段卡通视频非常流行，它从不同的视角展示了一架飞机。从防御装备的视角来看，整架飞机都采用了重型装甲。从武器装备的视角来看，飞机到处都配有火炮和火箭弹。从轰炸的视角来看，飞机携带了各种各样的炸弹。从飞行员的视角来看，该飞机造型优美且机动性良好。从工程师的视角来看，飞机上配置了各种各样的部件、按钮和小装置。

　　上述各个视角之间存在的问题在于，它们完全不同而且彼此不相称。到了最后，飞机其实是各个视角相互妥协的产物。在最终的实际产品中，每一个视角的优化都不能以牺牲其他视角为代价。

　　数据的情况与之非常类似：不同的人群对于数据有着不同的看法。有些群体需要处理海量数据；有些群体希望能够以近乎瞬时的速度在线访问详细数据；有些群体希望拥有严格控制完整性的数据；而有些群体则只关心自己的"个人"数据，希望能够使用计算机轻松快捷地创建和处理自己的数据版本。

　　每个群体都有自己的视角，都在自己的世界里有合乎情理的观点。不过数据无法同时满足所有的视角和所有需要。

　　数据很复杂，本身涉及很多方面，也有很多种用途。

　　本书旨在围绕数据展开研究，探索较为宽泛的数据架构问题。本书试图展现组织或企业中所有的数据用途和视角。此外，本书试图以一种合理、公平的方式来平衡所有对数据的需求和看待数据的视角。

　　本书首先介绍了企业中看待数据的最主流视角。为此，首先要明白企业数据存在广泛的多样性。要想有效地使用数据，组织就必须根据不同的情况来处理数据。

　　有些书是讲"如何做"的书，例如手册；有些书是讲故事的书，例如小说和非小说文学；还有些书是纯粹逃避现实的娱乐性书籍。与它们不同，本书是一本描述性的书，是一本讲"是什么"的书，是一本关于大而复杂的架构的书。形形色色的数据就像马赛克一样，而各个组织的数据都是不同的。本书首先从一个比较高的架构层次讲述数据，然后深入到清晰、易于理解的细节，确保你明白本书所要讲述的内容。

　　现在，关于数据有很多令人混淆的说法（只要有电脑就会存在这样的情况），而其中大部分是由技术供应商引起的。技术供应商并不会提出荒唐和毫无依据的说法，但是他们很容易渲染和夸大自己的案例。最糟糕的是，技术供应商还可能会有"近视"的毛病，并深受其害。在对数据的认识方面，技术供应商很容易管中窥豹。他们很可能向人们呈现这样一种对世界的看法：自己的技术在现在或者未来是唯一的；而这并不是现实。这种由技术供应商引起的严重"近视"会造成很大的混乱。

有关大数据的说法很容易让人们在理解大数据的现实性和可能性时迷失方向。本书着眼于大数据是如何适用于决策领域的。本书从如下几个重要的视角进行思考：当前企业是如何进行决策的，企业应该如何进行决策，以及在大数据条件下如何进行决策。

本书主要涵盖了以下几个主题。

❑ **企业数据**

企业数据是指整个企业的信息全景。在企业中有很多种不同类型的数据。本书展示了一种数据视角，并且在很高的层次上阐述了如何在企业决策过程中使用（或者不使用）数据。

❑ **大数据**

讲述了大数据是什么，以及它能够如何增强企业的决策。大数据有几种不同的定义。本书采用了一种非常务实的大数据观点，然后讨论了它的一些突出特点。大数据最明显却并未被技术供应商所提起的一个特征是重复型大数据和非重复型大数据之间的差异性。重复型大数据和非重复型大数据之间深刻的差别也称作"分界线"。本书之所以值得购买，正是因为通过阅读本书你可以很容易地理解这条"分界线"，而且本书对企业决策能力也有所启示。

❑ **数据仓库**

数据仓库面向企业数据完整性方面的需求。总有一天，企业会开始领悟到这样的事实：拥有数据和拥有可信的数据并不是一回事。他们醒悟之后意识到了"数据完整性"的意义。这个时候，企业级数据仓库（enterprise data warehouse，EDW）诞生了。有了 EDW，企业可以利用其中的基础数据制定重要、可信的决策。在 EDW 出现之前，企业已经有了大量的数据，但这些并不是可信的数据。

❑ **Data Vault**

Data Vault 面向管理随时间推移而发生数据变更的需求。数据仓库会随着时间推移而不断演化，这最终形成了一种名为 Data Vault 的学科和结构。不论过去还是现在，都有多种原因采用 Data Vault 作为具有完整性需求的系统的主干。

❑ **业务系统**

业务系统面向企业日常业务运作方面的需求。由于管理超大规模数据量和数据完整性方面的需求，需要一些能够运行和增强组织日常业务的系统（今后也一直需要）。

❑ **架构**

架构是指如何以一种整体而内聚的方式将不同类型的数据和不同类型的数据需求组织到一起。认识企业中各种数据视角的不同需求是一回事，而设想如何以一种整体而内聚的方式将不同类型的数据组织到一起则是另外一回事。

通过阅读本书，你会了解如何将企业中所有形式的数据组合到一起。本书旨在提供一个关于企业全部数据的高层次、全方位的视图，并且介绍如何使不同的数据形式以建设性的方式相互协作。

　　本书面向管理人员、架构师、业务人员和技术人员。所有参与企业决策的人都会从本书中受益。对本书特别感兴趣的人群是数据科学家。对于一名数据科学家来说，本书就像一本地图册，标绘出了世界上不同的大洲和海洋。数据科学家再也不需要去摸索着认识一个被认为是"平的"的世界，也不需要通过反复的艰苦探索来完成对岛屿和大陆形状的认知。

　　很多年前，当我还是耶鲁大学一年级的学生时，Ernest Lockridge 博士是我的英语老师。他讲授的是英语作文课，也是我唯一上过的英语作文课。那时候我和 Ernest Lockridge 博士都不知道这今后会对我有什么样的影响。后来我撰写了 53 本书，我由衷感谢他对我的指导和启示。如果我没有记错（毕竟过了这么多年），Ernest Lockridge 博士是第一位称呼我为"Inmon 先生"的人。这一直印在我的脑海里，直到今天，久久不能忘怀。

　　我终生感谢 Ernest Lockridge 博士。

WHI/DL

2014 年 3 月 25 日

目　　录

第1章

企业数据

1.1　企业数据

如今，人们在处理数据的时候很容易迷失。数据有很多种不同的类型，而且每个类型的数据都有其自身的风格和特质。产品、供应商和应用程序都变得过于专注自己所处的特定世界，忽视了用更加宽广的视野来考察如何将各种事物组合成一个整体。因此，后退一步用更宽广的视野看待数据，经常能够获得更为恰当的观点。

1.1.1　企业的全体数据

试想一下企业里所能找到的所有数据。图1.1.1简要描述了企业中全体数据的情况。

图　1.1.1

这里的全体数据包括与企业中各类型数据相关的所有事项。

进一步细分企业中的全体数据有很多种方式。一种细分方式（但是肯定不是唯一方式）是将全体数据划分为结构化数据和非结构化数据，如图1.1.2所示。

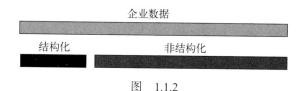

图　1.1.2

结构化数据是一种可预见、经常出现的数据格式。通常，结构化数据包括记录、属性、键和索引等，可以通过数据库管理系统（database management system，DBMS）进行管理。结构化数据是定义良好的、可预测的，并且可通过复杂的基础设施进行管理。通常，结构化环境中的大多数数据单元都可以很快地进行定位。

相反，非结构化数据是不可预见的，而且没有可以被计算机识别的结构。访问非结构化数据通常很不方便，想要查找给定的数据单元，就必须顺序搜索（解析）长串的数据。非结构化数据有很多种形式和变体。最常见的非结构化数据的表现形式也许就是文本了。然而无论如何，文本都不是非结构化数据的唯一形式。

1.1.2　非结构化数据的划分

非结构化数据可以进一步划分成两种基本的数据形式：重复型非结构化数据和非重复型非结构化数据。与企业数据的划分一样，非结构化数据的细分方式也有很多种。这里给出的只是其中一种细分非结构化数据的方法。图1.1.3展现了非结构化数据的这一细分方法。

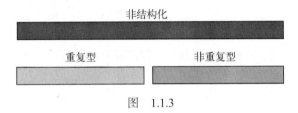

图　1.1.3

重复型非结构化数据是指以同样的结构甚至同样的形态出现多次的数据。通常，重复型数据会出现很多很多次。重复型数据的结构与之前的记录看起来完全一样或者大致相同。没有用于管理重复型非结构化数据内容的大型复杂基础设施。

非重复型非结构化数据是指记录截然不同的数据。通常，每个非重复型的记录都与其他记录明显不同。

企业数据类型的划分有多种不同的体现。参见图1.1.4中所示的数据。

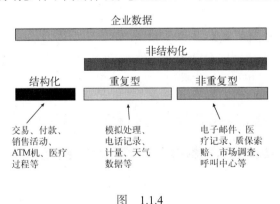

图　1.1.4

结构化数据通常是交易的副产品。每当一次销售完成时，每当银行账户有取款操作时，每当有人在ATM机上办理业务时，每当发送一份账单时，都会产生一条交易记录。交易记录最终会形成一条条结构化的记录。

1

重复型非结构化数据则有所不同。非结构化的重复记录通常是机器间交互所产生的记录，例如对即将离开生产过程的产品进行模拟验证，或者对消费者的能源用量进行计量等。就拿计量来说，在读取计量读数时，会产生大量在形式和内容上重复的记录。

非重复型非结构化信息与重复型非结构化记录有着根本性的不同。对于非重复型非结构化记录而言，它们无论在形式还是内容上都很少重复或者根本不重复。非重复型非结构化信息的例子有电子邮件、呼叫中心对话和市场调查等。当你查看一封电子邮件时，会有很大概率发现数据库中的下一封邮件与前一封邮件是极为不同的。对呼叫中心信息、质保索赔、市场调查等数据来说也是如此。

1.1.3 业务相关性

重复型非结构化数据和非重复型非结构化数据在很多方面都有着极为不同的特征，其中一方面就是业务相关性。在重复型非结构化数据中，通常只有很少的记录具备真正的业务价值。然而，非重复型非结构化数据则有很大比例与业务相关。

这两种数据在业务相关性方面的不同如图1.1.5所示。

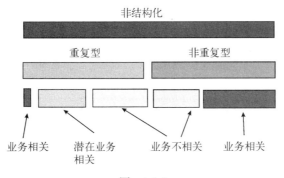

图　1.1.5

非结构化重复型数据中只有很小比例是与业务相关的。例如，可以设想一下每天数以百万计的电话呼叫；政府只对其中的极小一部分感兴趣。此外，还可以设想一下生产控制信息；几乎所有生产记录都不会引起人们的兴趣，只有极少数除外（通常是当测量参数超过某个阈值时）。一般情况下，对重复型非结构化的记录而言，还存在一些虽然并不能直接或马上引起人们兴趣但是却存在潜在价值的记录。

对于非重复型非结构化数据而言，人们不感兴趣的记录就没那么多了。尽管其中有垃圾信息和停用词，但是除了这两种类别的信息之外，几乎其他所有的非结构化非重复型数据都是人们感兴趣的。

1.1.4 大数据

值得注意的是，企业中的大数据包括重复型非结构化数据和非重复型非结构化数据，如

图1.1.6所示。

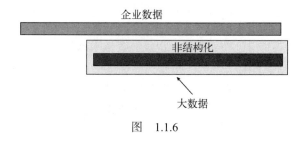

图   1.1.6

1.1.5   分界线

　　一开始，对于非结构化数据的两种类型（重复型非结构化数据和非重复型非结构化数据），我们可能认为它们之间的差别是难以预料、微不足道的。实际上，这两种非结构化数据类型之间的差异并非微不足道。因为这两种非结构化数据类型存在深刻差异，所以它们之间存在一条明显的分界线。

　　图1.1.7展现了分割两种非结构化数据类型的分界线。

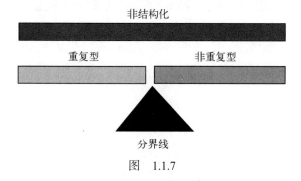

图   1.1.7

　　之所以用这条分界线划分非结构化数据的两种类型，是因为在分界线一边的数据是以一种方式处理的，而在分界线另一边的数据则是以另一种完全不同的方式处理的。实际上，在分界线两边的数据也可能完全不同。

　　按照数据处理方式进行划分的原因是，重复型非结构化数据几乎完全是通过一个管理Hadoop的固定设施来处理的。对于重复型非结构化数据而言，其重点完全集中在对大数据管理器（例如Hadoop）中的数据进行访问、监视、显示、分析和可视化。

　　非重复型非结构化数据的重点则几乎完全集中在文本消歧上。这里的重点在于消歧的类型、输出的重新格式化、数据的上下文分析和数据的标准化等。

　　该分界线值得注意的一点是，围绕分界线两边不同类型的数据形成的学科也是完全不同的。文本消歧与访问和分析Hadoop中的数据是两个极为不同的课题。正是因为这两个领域存在极大差异，可以说这两个领域属于完全不同的范畴，之间毫无关系。

可以用一个比喻来说明管理Hadoop和管理文本消歧这两个领域有多么不同。管理Hadoop就像生物医学领域，而文本消歧领域就像竞技骑牛领域。这两个领域截然不同，二者之间根本没有可比性。研究生物医学领域的人完全不知道骑着一头野牛是什么感觉，而擅长骑野牛的骑牛士与生产新药所需的规程格格不入。

图1.1.8描绘了这两个领域之间的差别。

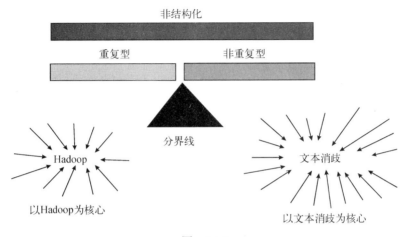

图　1.1.8

1.1.6　大陆分水岭

与非结构化数据分界线相似的另一条分界线是北美大陆分水岭（如图1.1.9所示）。大陆分水岭一侧的降水会流向大西洋方向，而另一侧的降水则流向完全不同的太平洋方向。

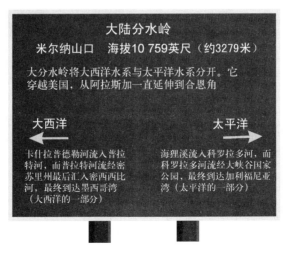

图　1.1.9

1.1.7   企业数据全貌

图1.1.10展现了企业数据的全貌。

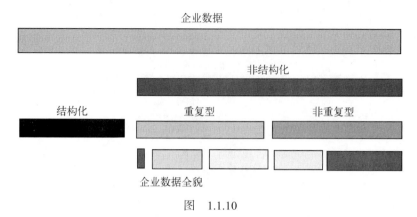

图   1.1.10

图1.1.10用于描述不同类型的企业数据如何相互关联，并列展现了不同形式的数据及其如何相互关联。每个数据细分都有其自己的处理和管理方法。

图1.1.11给出了企业数据的另一种描绘方式，将大数据作为一个整体来展现。

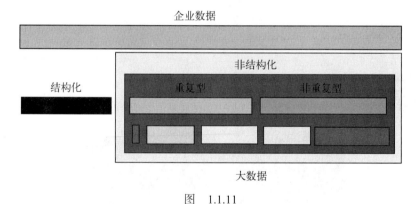

图   1.1.11

1.2   数据基础设施

如果说数据管理和数据架构有什么秘诀可言的话，那就是从基础设施方面来理解数据。换言之，要理解数据管理和操作所依据的更宽泛的数据架构问题，就不能不去弄明白那些围绕数据的底层基础设施。因此，我们将花点时间来理解基础设施。

1.2.1　重复型数据的两种类型

要理解基础设施，一个很好的起点就是观察企业数据中重复型数据的两种类型。企业数据中的结构化部分存在重复型数据，非结构化中的大数据部分也存在重复型数据。对于重复型结构化数据来说，交易经常是重复型数据的一部分来源。这其中包括销售交易、按库存量单位的进货交易、库存补充交易、支付交易等。在结构化数据领域中，很多这样的交易数据都属于重复型结构化数据的范畴。

另一种重复型数据是非结构化大数据领域中的重复型数据。在非结构化大数据领域中，我们可能会接触到计量数据、模拟数据、生产数据、点击流数据等。

试想一下这两种类型的重复型数据是否相同。它们当然都是重复型的；不过它们之间的区别何在？图1.2.1（象征性地）展示了这两种类型的重复型数据。

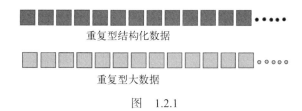

重复型结构化数据

重复型大数据

图　1.2.1

1.2.2　重复型结构化数据

为了了解这两种类型的重复型数据之间的区别，有必要先单独认识每一种类型的数据。首先，让我们来了解一下重复型结构化数据。图1.2.2将重复型结构化数据拆分成了记录和数据块。

重复型结构化数据被拆分
成单条记录，这些记录又
位于数据块中

图　1.2.2

重复型结构化环境中最基本的信息单元是数据块，而每个数据块中又含有若干数据记录。图1.2.3给出了一条简单的数据记录。

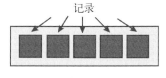

记录

图　1.2.3

一般来说，每条数据记录都代表一次交易。例如，有些记录表示某种产品的销售情况，每条记录都表示一次销售活动。

每条记录都包含键、属性和索引等要素。图1.2.4给出了一条记录的分解图。

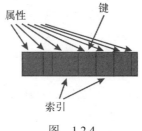

图 1.2.4

如果一条记录代表一次销售活动，那么该记录的属性中可能会包含销售日期、售出的商品、商品的价格、缴纳的税费和购买人等。记录中的键是一个或多个能够唯一定义该记录的属性。销售记录的键可以是销售日期、售出的商品或者销售地点等。

与记录关联的索引建立在记录的属性之上，用于满足对记录的快速访问需求。

与重复型结构化数据关联的基础设施采用数据库管理系统（database management system，DBMS）进行管理，如图1.2.5所示。

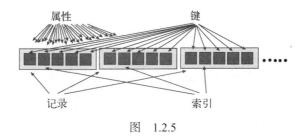

图 1.2.5

1.2.3 重复型大数据

另一种类型的重复型数据是存在于大数据中的重复型数据。图1.2.6描述了存在于大数据中的重复型数据。

重复型大数据

图 1.2.6

乍一看，图1.2.6中有大量的重复型记录，但是当进一步观察时就会发现其中所有的重复型大数据记录都被打包成了一个数据串，而这个数据串又存放在一个数据块中，如图1.2.7所示。

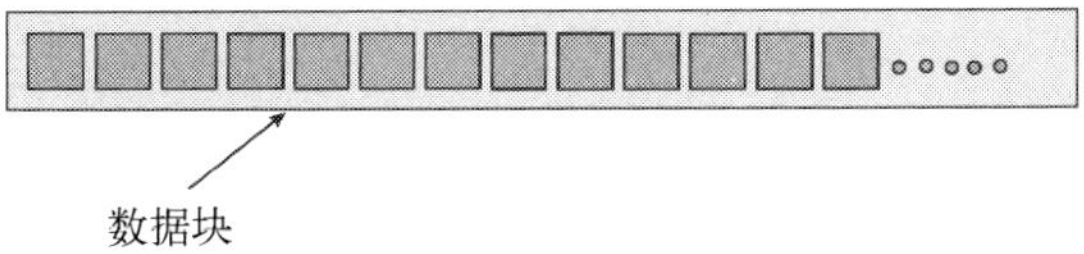

数据块

图　1.2.7

图1.2.7中的结构化基础设施是一种由DBMS（例如Oracle、SQL Server、DB2等）管理的典型基础设施。

大数据的基础设施与标准DBMS的基础设施完全不同。在大数据的基础设施里有一种“块”结构。在这种块结构中存储了很多重复的记录，而每一条记录都与其他记录连成一串。图1.2.8表示了大数据中可能出现的一条记录。

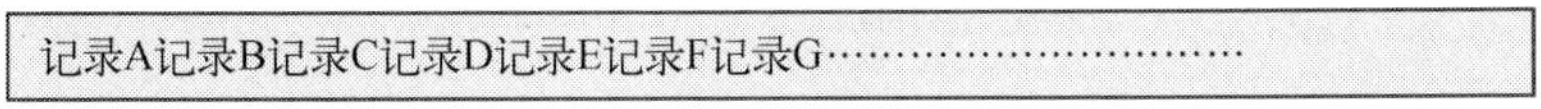

记录A记录B记录C记录D记录E记录F记录G…………………………

图　1.2.8

在图1.2.8中仅有一长串数据，而记录一条接一条地堆叠到一起。系统只能看到一个块和这一长串数据。要查找一条记录，系统需要首先解析该数据串，如图1.2.9所示。

记录A记录B记录C记录D记录E记录F记录G…………………………
解析器
记录B

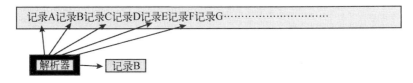

图　1.2.9

假设系统要查找指定记录B。该系统需要按照顺序读取数据串，直到系统能够辨别出存在一条记录为止。然后，系统需要检查该记录并且判断它是不是记录B。这就是大数据最原始状态下的搜索处理方式。

不需要太多想象就可以发现，大数据在进行数据查找方面会消耗大量的机器周期。为此，大数据环境采用了一种名为罗马人口统计（Roman census）的方式来进行处理。在2.2节中，还将介绍更多有关罗马人口统计的内容。

1.2.4　两种基础设施

图1.2.10对两种不同的基础设施进行了对比。

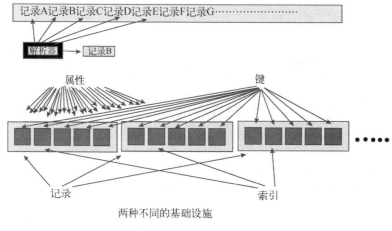

两种不同的基础设施

图   1.2.10

不用太费劲就能够发现围绕大数据和结构化数据的基础设施是极为不同的。围绕大数据的基础设施非常简单、精炼,而围绕结构化DBMS数据的基础设施则复杂、繁冗。

因此,重复型结构化数据和重复型大数据的基础设施存在显著不同是一个事实,没有什么争议。

1.2.5   优化了什么

在研究这两种基础设施时, 会很自然地产生这样的问题:不同的基础设施中对哪些要素进行了优化? 对于大数据来说, 基础设施的优化在于能够使系统管理几乎无限量的数据。图1.2.11显示出在大数据的基础设施中, 添加新数据非常简单。

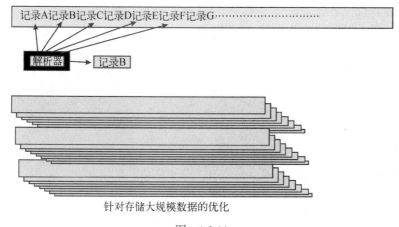

针对存储大规模数据的优化

图   1.2.11

但是结构化DBMS背后的基础设施所进行的优化完全不同于管理海量数据的情形。对于结构化DBMS环境, 其优化的要素在于使系统能够快速而高效地查找任一给定的数据单位。

图1.2.12展示了标准的结构化DBMS基础设施所进行的优化。

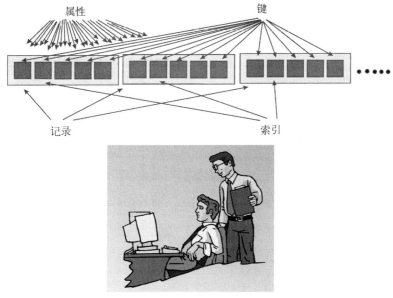

针对直接在线数据分析的优化

图　1.2.12

1.2.6　对比两种基础设施

考察不同基础设施的另一种方式是对比查找给定数据单元所需的数据量。为了查找某一给定数据单元，大数据环境需要搜索存储数据的整个主机，而且要找到某一给定项，需要进行很多输入输出操作。在结构化DBMS环境中查找同样的项时，只需要进行很少的输入/输出操作。因此，如果你希望对数据访问的速度进行优化，那么就应该采用标准结构化DBMS这种方式。

相反，为了达到较高的访问速度，标准的结构化DBMS需要一种精心设计的数据基础设施。随着时间的推移，当数据变化时，也要相应地创建和维护基础设施。创建和维护这样的基础设施需要相当可观的系统资源。对于大数据而言，就不需要再建立和维护基础设施了，因为大数据基础设施的建立和维护非常容易。

本节首先说明了重复型数据既存在于结构化数据环境中，也存在于大数据环境中。乍一看，重复型数据是相同的，或者说是非常相似的；但是当你仔细研究基础设施和其中所蕴含的技术细节时，就会发现这两种环境中的重复型数据实际上是极为不同的。

1.3   分界线

1.3.1   企业数据分类

企业数据的分类有多种方式，其中最主要的一种方式是将其分为结构化数据和非结构化数据。非结构化数据又可以进一步划分为两类：重复型非结构化数据和非重复型非结构化数据。这种数据划分如图1.3.1所示。

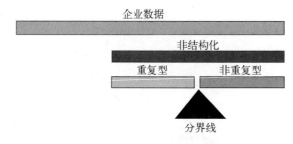

企业数据

非结构化

重复型   非重复型

分界线

图   1.3.1

重复型非结构化数据的出现频率很高，而且其记录在结构和内容上几乎完全相同。重复型非结构化数据的例子有很多，例如电话呼叫记录、计量数据和模拟数据。

非重复型非结构化数据包含多个数据记录，而且这些记录在结构和内容上都不相似。非重复型非结构化数据的例子有电子邮件、呼叫中心通话、质保索赔等。

1.3.2   分界线

非结构化数据的两种类型之间存在一条分界线。

如图1.3.1所示，分界线是对重复型记录和非重复型记录之间界限的划分。乍一看，重复型非结构化数据记录和非重复型非结构化数据记录之间并没有体现出太多区别；但是情况并非如此。其实，重复型非结构化数据和非重复型非结构化数据之间存在巨大区别。

非结构化数据的两种类型之间存在的主要区别是：重复型非结构化数据关注的焦点在于Hadoop环境中的数据管理，而非重复型非结构化数据关注的焦点在于数据的文本消歧。正如后面将会看到的那样，这种在关注焦点上的区别导致二者在数据认知、数据使用和数据管理方面都存在巨大差别。

这种区别就形成了一条分界线，如图1.3.2所示。

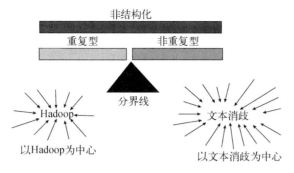

图 1.3.2

从中可以看出，非结构化数据的两种类型各自关注的焦点极为不同。

1.3.3 重复型非结构化数据

重复型非结构化数据也称作"以Hadoop为中心"。"以Hadoop为中心"意味着重复型非结构化数据的处理都是围绕着处理和管理Hadoop环境而展开的。图1.3.3展现了重复型非结构化数据的中心所在。

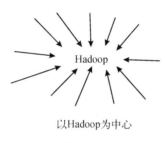

以Hadoop为中心

图 1.3.3

Hadoop环境的核心自然就是Hadoop本身了。Hadoop是一种可管理海量数据的技术。在所谓的大数据中，Hadoop处于中心地位，是大数据的主要存储机制。Hadoop的基本特点有以下几个。
- 它能够管理海量数据。
- 它可以在相对较为便宜的存储器上管理数据。
- 它采用罗马人口统计方法管理数据。
- 它以非结构化方式存储数据。

Hadoop的这些运行特征使之可以管理非常大的数据量。Hadoop能够管理的数据量明显大于标准关系型DBMS。图1.3.4描绘了Hadoop这种大数据技术。

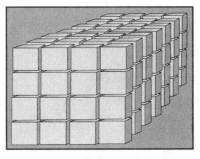

Hadoop

图   1.3.4

不过，Hadoop是一种原始技术。要想发挥作用，Hadoop还需要其独特的基础设施支持。

围绕Hadoop的这些技术服务于对Hadoop中数据的管理，以及访问和分析这些数据。图1.3.5
展现了围绕着Hadoop的基础设施服务。

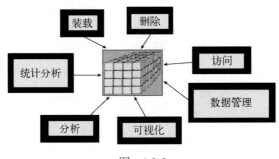

图   1.3.5

曾经使用过标准DBMS的人都会比较熟悉围绕着Hadoop的各种服务。这二者的不同点在于：
在标准DBMS中，服务也存在于DBMS自身中；而在Hadoop中，许多服务都在外部执行。第二
个主要区别是，在整个Hadoop环境中，服务海量数据的需求始终存在。Hadoop环境的开发者必
须做好管理和处理庞大数据量的准备。这意味着，许多基础设施任务都只能在Hadoop环境里完
成处理。

事实上，Hadoop环境中到处都存在处理超常规海量数据的需求。图1.3.6展示了处理近乎无限
量数据的需求。

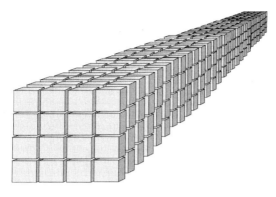

图 1.3.6

因此，我们强调在能够处理海量数据的Hadoop环境中进行常规的数据管理任务。

1.3.4 非重复型非结构化数据

非重复型非结构化环境所强调的重点与大数据技术强调Hadoop的管理极为不同。非重复型非结构化环境强调文本消歧［textual disambiguation；或者说强调文本抽取/转换/装载（extract/transform/load，ETL）］。图1.3.7说明了这一点。

以文本消歧为中心

图 1.3.7

文本消歧过程针对非重复型非结构化数据，将其转换成一种可以通过标准分析软件分析的格式。文本消歧涉及许多方面，但是它最重要的一个功能也许就是所谓的语境化（contextualization）。语境化是通过阅读和分析文本而推导出文本上下文的过程。一旦推导出文本的上下文，就可以将文本重新格式化为标准数据库格式，进而用标准商业智能软件来阅读和分析这些文本。

图1.3.8展示了文本消歧过程。

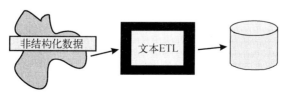

图 1.3.8

文本消歧涉及很多方面。由于文本消歧完全避免了自然语言处理（natural language processing, NLP）的缺陷，推导上下文的方法也有很多方面。推导上下文的技巧包括以下几种。

- ❑ 外部分类法和本体的集成
- ❑ 相近度分析
- ❑ 同形异义词消解
- ❑ 子文档处理
- ❑ 关联文本消解
- ❑ 缩略语消解
- ❑ 简单停用词处理
- ❑ 简单词根提取
- ❑ 内联模式识别

文本消歧过程确实涉及太多的方面。图1.3.9给出了文本消歧比较重要的一些方面。

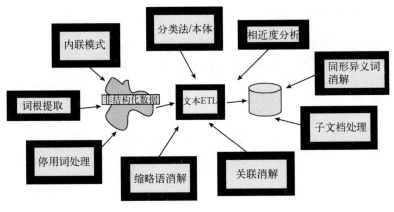

图　1.3.9

需要有所关注的是文本消歧所管理的数据量。不过，可处理的数据量相对于转换过程中所发生的数据转换而言又相对次要。事实上，文本消歧是由转换过程主导的，如图1.3.10所示。

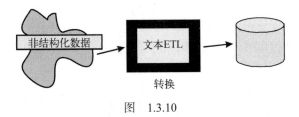

图　1.3.10

重复型非结构化领域的处理过程和非重复型非结构化领域的处理过程所强调的重点完全不同。

1.3.5 不同的领域

这种差别如图1.3.11所示。

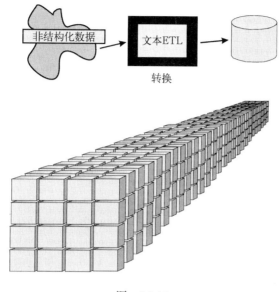

图 1.3.11

重复型非结构化数据和非重复型非结构化数据之间存在差异的部分原因在于数据本身。对于重复型非结构化数据而言，不太需要发现数据的上下文。这是因为其中数据的出现频率和重复程度很高，数据的上下文相当明显，或者说相当容易确定。此外，对于重复型非结构化数据来说，通常一开始也没有太多的上下文数据。因此，重点几乎完全在需要管理的数据量上。

但是对于非重复型非结构化数据而言，推导出数据的上下文极为必要。在数据可用于分析之前，需要对数据进行语境化。对于非重复型非结构化数据来说，推导出数据的上下文是一项非常复杂的工作。当然，非重复型非结构化数据还有管理数据量的需要，但是基本需求是把数据的语境化放在第一位。

正是出于这些原因，在管理和处理不同形式的非结构化数据时存在很大区别。

1.4 企业数据统计图

明白企业数据可以划分为不同的类别是一回事，而深入理解这些类别又是另一回事。

图1.4.1展现了企业数据的一种划分方式。

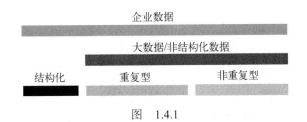

图　1.4.1

图1.4.1显示出大数据中的所有数据都是非结构化的，而且大数据可以划分为两个主要类别，即重复型非结构化数据和非重复型非结构化数据。图1.4.1展示了企业数据的主要类别，但是可能具有误导性。有些企业拥有规模极其巨大的重复型非结构化数据，而有些企业则根本就没有重复型非结构化数据。

图1.4.2展示了一个更加符合实际的重复型非结构化数据的统计图。

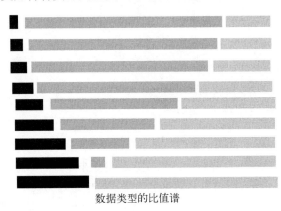

数据类型的比值谱

图　1.4.2

图1.4.2显示出重复型数据与其他类型数据的比值谱范围很广。从统计图的视角来看，有些企业中的重复型非结构化数据占多数，但是也有一些企业没有任何重复型非结构化数据。其他一些企业的情况则介于这两种极端情况之间。

业务类型与重复型非结构化数据的多少（或有无）确实有很大关系。图1.4.3按照业务类型给出了重复型非结构化数据所占比例的一般情况。

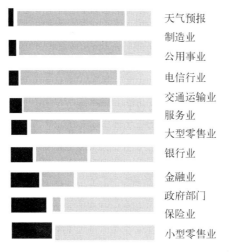

图 1.4.3

从图1.4.3中可以看到，某些行业有很多重复型非结构化数据。气象服务、制造业和公用事业在这方面名列前茅。这些类型的公司存在产生大量重复型非结构化数据的活动。相反，小型零售组织可能根本没有重复型非结构化数据。

在此按照业务的不同，给出了重复型非结构化数据与其他类型数据的比值谱图。

为了对此做进一步研究，另一种方式是按照数据类型进行统计。图1.4.4给出了相应的比值谱图。

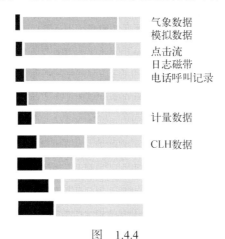

图 1.4.4

图1.4.4表明，就重复型非结构化数据来说，有些公司拥有大量的气象数据、模拟数据、点击流数据等。

重复型非结构化数据的统计图是一种审视企业数据的很有意思的方式，除此之外还有其他一些有意思的视角，其中之一是从业务相关性的角度来观察。业务相关性是指数据在决策过程中的有用性。有些企业数据是高度业务相关的，而有些企业数据则与企业决策根本不相关。

图1.4.5展示了业务相关性与企业数据之间的关系。

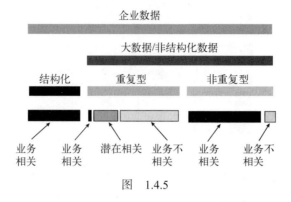

图 1.4.5

图1.4.5说明业务相关性实际上可分为三类，即业务相关数据、业务不相关数据和与业务潜在相关数据。

下面对每一种数据类别的内涵进行解释。

第一种类别是结构化数据。结构化数据通常采用DBMS进行管理。图1.4.6说明所有的结构化数据都是业务相关的（至少是潜在相关）。

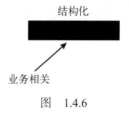

图 1.4.6

很多结构化数据都可以进行在线处理；而且在结构化环境中，进行处理时可以定位和访问所有数据要素。因此，所有结构化数据都可以归类为业务相关数据。

试想这样一个例子。一位顾客到银行要求取款500美元。银行出纳员访问该客户的账户，查询到该账户中有足够的余额。然后，这位银行出纳员授权取款500美元。在这一过程中用到了有关该客户账户的数据，这些数据当然是业务相关的。现在试想一下，如果银行出纳员未能访问银行结构化数据库中的数据呢？难道这些数据即使没有被使用也仍然是业务相关的吗？答案是肯定的，即使这些数据没有被使用，它们仍然是业务相关的。即使它们只是可能会被使用，那么也仍然是业务相关的。

因此，所有的结构化数据都可以看作是业务相关的。它的实际使用与其业务价值关系不大。即使数据没有被积极主动地使用，它也仍然具有业务价值和业务相关性。

现在研究一下重复型非结构化数据的业务相关性。图1.4.7说明只有一小部分重复型非结构化数据是业务相关的。相比较而言，重复型非结构化数据中业务潜在相关的比例要更大一些，而且有很大一部分重复型非结构化数据是业务不相关的。

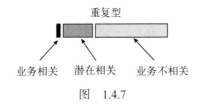

图　1.4.7

　　为了理解重复型非结构化数据的业务相关性，来看一个重复型非结构化数据的实例：日志磁带。当查看日志磁带时，几乎日志磁带上的所有记录都没有意义。大多数日志记录只是用于"标记时间"，只有极少数重要的记录具有直接的业务相关性。对于点击流数据、模拟数据、计量数据等来说也存在相同的情况。然而，确实存在一些虽然不直接与业务相关但是可能与业务潜在相关的记录。这些业务潜在相关记录并不是马上对业务有用的记录，但是在某些情况下也可能会用到。

　　现在让我们来看看非重复型非结构化数据的业务相关性。非重复型非结构化数据包括电子邮件、呼叫中心数据、质保数据信息、保险理赔等。图1.4.8描绘了非重复型非结构化数据的业务相关性情况。

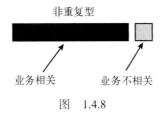

图　1.4.8

　　在非重复型非结构化数据中，存在垃圾信息、废话邮件和停用词这样的数据。这些类型的数据是业务不相关的；但是大多数非重复型非结构化类别的数据都是业务相关的（或者说至少是业务潜在相关的）。

　　现在让我们来看看业务相关性的统计图，因为这也涉及非结构化数据（大数据）。图1.4.9显示了业务相关性的所在之处。

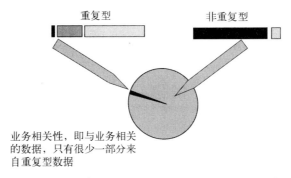

图　1.4.9

图1.4.9显示，绝大多数具备业务相关性的大数据都属于非重复型非结构化数据的范畴。重复型非结构化数据所蕴含的业务相关性则相对较少。

图1.4.9也许正好解释了，为什么那些关注点几乎完全集中在重复型非结构化数据上的大数据早期支持者在确立大数据的业务相关性时会历尽艰辛。

1.5   企业数据分析

数据只有用于分析才能够体现其价值。因此，数据架构师必须要牢记：数据的最终用途是为了支持分析（这反过来又是对业务价值的支持）。

企业数据的分析与其他种类数据的分析非常类似，只有一个方面有所不同：大多数情况下，企业数据都有多种来源和多种数据类型。事实上，正是企业数据起源的多样化导致了企业数据分析的纷繁多样。图1.5.1描述了企业数据分析的需求。

图   1.5.1

对于所有的数据分析，首先要考虑的是该分析是一次正式分析还是一次非正式分析。正式分析要求得到企业层面的结果甚至法律层面的结果。有时，组织还必须在遵守合规性规则的前提下进行分析，例如那些实施萨班斯–奥克斯利法案（Sarbanes-Oxley Act）和健康保险流通与责任法案（Health Insurance Portability and Accountability Act，HIPAA）的管理型机构。还有很多其他类型的合规性，例如审计合规性等。当进行一次正式分析时，分析师必须提醒自己注意数据的有效性（validity）和数据谱系（lineage）。如果在正式分析中出现了不正确的数据，那么结果将非常可怕。因此，当进行正式分析时，数据的准确性及其谱系情况就非常重要。对于公共企业来说，必须要有外部的公共会计公司签署确认数据的质量和准确性。

另一种分析类型是非正式分析。非正式分析通常需要快速完成并且可以使用任何可获取到的数值。在非正式分析中使用准确的数据固然是一件好事，不过使用准确性略差的信息也并不会造成严重的后果。

在进行数据分析时，必须始终清楚自己所做的是正式分析还是非正式分析。

进行企业数据分析的第一步是从物理上收集要用于分析的数据。图1.5.2说明，企业数据通常都有很多不同的来源。

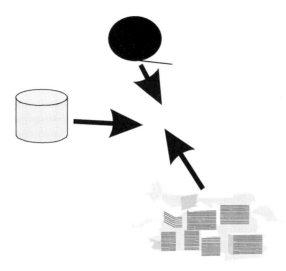

图   1.5.2

在很多情况下，数据来源都是由计算机管控的，因此从物理上收集数据并不是太大的问题。但是当数据存在于纸张等物理介质上时，就必须借助光学字符识别（optical character recognition，OCR）软件等技术来进行处理。如果数据是以通话形式存在的，还必须使用语音识别技术进行处理。

通常，从物理上收集数据是进行企业数据分析的最早步骤。这其中最大的挑战就在于逻辑消解问题。企业数据管理的逻辑消解是要解决这样的问题：将多个不同来源的数据集中到一起，并且无缝读取和处理这些数据。企业数据的逻辑消解面临很多难题，其中一些如下所示。

- ❏ 消解键结构：企业一部分所采用的键与企业另一部分所采用的类似键存在差别。
- ❏ 消解定义：企业中以某种方式定义的数据在企业另一部分中是以另一种方式定义的。
- ❏ 消解计算：企业中以某种方式进行的计算在企业另一部分中是采用不同的公式来计算的。
- ❏ 消解数据结构：企业中以某种结构组织的数据在企业的另一部分中是采用不同的结构来组织的。

这样的问题还有很多。

在很多情况下，消解都是非常困难的，而且这些困难都是数据中根深蒂固的，很难取得令人满意的消解结果。这样，最后出现的结果就是企业中不同的机构会做出不同分析结果。由不同的组织自己单独进行分析和计算的问题在于，他们得出的结果通常是目光狭隘的；而站在企业层面上的个人也难以洞察在企业的最高层面上发生了什么。

当数据跨越结构化数据和大数据的边界时，企业数据的消解问题就会被放大。即使在大数据的范畴之内，当跨越了重复型非结构化数据和非重复型非结构化数据的边界时，也会出现挑战。

因此，当企业试图在整个企业中创建一个有结合力的整体性数据视图时，就会面临巨大的挑战。如果确实存在企业级的数据基础，就有必要进行数据集成，如图1.5.3所示。

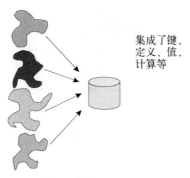

图   1.5.3

一旦完成数据集成（至少实际上已经集成了尽可能多的数据），数据就被重新格式化为规范化形式。数据组织结构的规范化并没有多少特殊的魔力，它主要起到以下两个作用。

❑ 规范化是一种组织数据的逻辑方式。

❑ 在规范化数据的基础之上，分析处理工具能够发挥出更好的性能。

图1.5.4指出，进行了规范化的数据很容易进行分析。

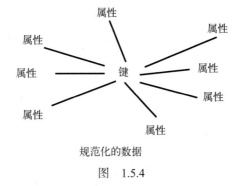

规范化的数据

图   1.5.4

规范化的结果就是可将数据存放于平面文件记录中。一旦数据可存放于规范化的平面文件记录中，就很容易对其进行计算、比较等规范化处理。

规范化是数据用于分析处理时具备的最佳状态，因为在规范化状态下，数据处于一个粒度极低点。当数据处于粒度极低点时，可以采用多种方式对数据进行归类和计算。打个比方，处于规范化状态的数据与硅颗粒类似。原始的硅颗粒可以经过重组和再制造形成多种不同的形态，例如玻璃、计算机芯片和身体植入物等。同样的道理，规范化的数据也可经再处理之后用于多种形式的分析。

（请注意，将数据规范化并不意味着数据一定要以关系结构存放。在大多数情况下，规范化数据都是以关系结构存放的，但是如果有一定道理的话，采用某种非关系结构来存放数据也未尝不可。）

无论采用怎样的结构来组织数据，其结果都是将规范化的数据存放在关系型或者非关系型的数据记录之中，如图1.5.5所示。

规范化的数据记录

图 1.5.5

将数据结构化为某种颗粒状态之后，就可以采用多种方式来分析这些数据了。实际上，当企业数据实现了集成并且以粒度化状态存放之后，企业数据的分析就与其他种类数据的分析没有太大区别了。

一般来说，数据分析的第一步是进行数据归类。图1.5.6展示了数据的归类过程。完成数据归类之后，就可以紧接着做多种分析了。一种典型的分析就是异常数据的识别。例如，分析师可能希望找出去年所有消费超过1000美元的顾客，也可能希望找出那些日产量峰值超过25个单位的日期，还有可能希望找出一天之中有哪些重量超过50磅的产品被涂上了红色。图1.5.7展示了异常分析过程。

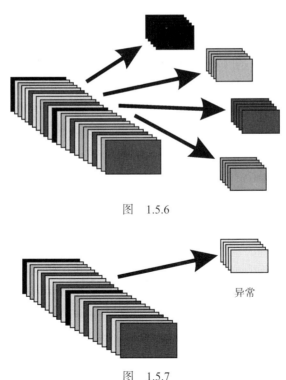

图 1.5.6

异常

图 1.5.7

另一种简单形式的分析是对数据进行归类和计数。图1.5.8显示了一种简单的归类和计数过程。

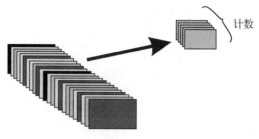

图　1.5.8

当然，在按照类别进行计数之后，还可以对各个类别进行比较，如图1.5.9所示。

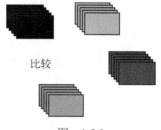

图　1.5.9

另一种典型的分析是根据时间变化来比较信息，如图1.5.10所示。

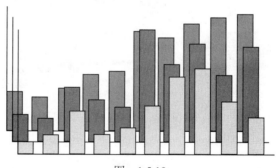

图　1.5.10

最后，还有关键性能指标（key performance indicator，KPI）。图1.5.11给出了按照时间推移计算和跟踪KPI的情形。

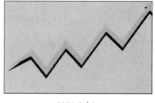

KPI分析

图　1.5.11

1.6 数据的生命周期——随时间推移理解数据

企业中的数据都有着可预见的生命周期。生命周期适用于大多数数据，不过也有一些特例；有些数据并不遵循本书即将介绍的生命周期。数据的生命周期如图1.6.1和图1.6.2所示。

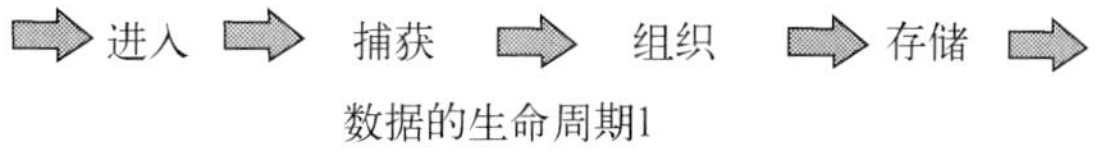

进入 ⇒ 捕获 ⇒ 组织 ⇒ 存储 ⇒

数据的生命周期1

图 1.6.1

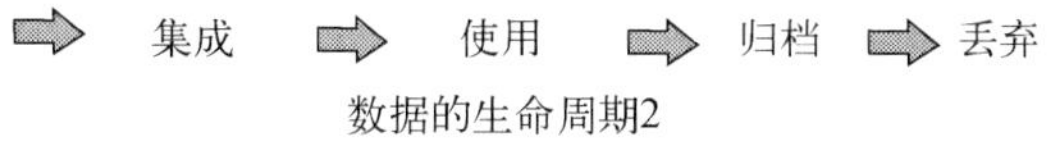

⇒ 集成 ⇒ 使用 ⇒ 归档 ⇒ 丢弃

数据的生命周期2

图 1.6.2

数据的生命周期揭示了原始数据进入企业信息系统的情况。生成原始数据记录的方式可以有很多种。客户在进行交易的过程中捕获到的数据可以作为交易的副产品。模拟计算机可以读取数据并将数据作为模拟处理的一部分。客户可以发起某种活动（例如打电话）并使用计算机捕获与之相关的信息。数据进入企业信息系统的方式有很多种。

当原始的详细数据进入系统之后，下一步工作就是通过一个捕获/编辑过程来对原始详细数据进行处理。在捕获/编辑过程中，原始的详细数据要经历一个基本的编辑过程。在该编辑过程中，可以对原始的详细数据进行调整（甚至拒绝采用）。一般来说，进入企业信息系统的数据都在最详细的层次上。

在经过捕获/编辑过程之后，原始详细数据就进入了一个组织流程。该组织流程可以像为数据创建索引那么简单，也可以是一个为原始详细数据精心设计的筛选/计算/整合过程。此时，原始详细数据就像一块面团，系统设计师可以采用多种方式来塑造这些数据。

当原始详细数据经过组织流程之后，这些数据就适合存储了。这些数据可以存储在标准DBMS中或者大数据系统中（或者存储在其他形式的存储器中）。数据在存储之后、分析之前，通常还要经历一个集成过程。集成过程的作用是对数据重新结构化。这样，这些数据就可以与其他类型的数据结合使用了。

正是此时，数据进入了使用周期。数据的使用周期将在后面进行讨论。当数据的使用周期结束之后，就可以将其归档或者丢弃。

这里给出的数据生命周期是针对原始详细数据的。汇总数据或合计数据的生命周期稍有不同。图1.6.3展示了汇总数据或合计数据的生命周期。

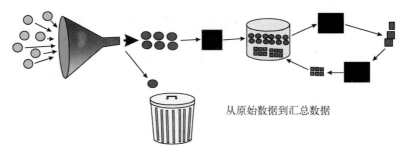

从原始数据到汇总数据

图　1.6.3

　　大多数汇总数据或合计数据的生命周期与原始详细数据的生命周期在刚开始是一样的。企业不断地摄入原始数据。不过一旦这些原始数据变成了基础设施的一部分，就可以对这些原始数据进行访问、分类和计算。计算结果随后也会作为信息基础设施的一部分保存，如图1.6.3所示。

　　当原始数据和汇总数据成为信息基础设施的一部分后，数据就会符合有用性曲线（curve of usefulness）所描述的情形。有用性曲线表明，数据在基础设施中保留得越久，则其用于分析的可能性就越低。

　　图1.6.4说明，当从数据"年龄"的角度来看时，数据越新则数据被访问的可能性就越大。这种现象适用于企业信息基础设施中大多数类型的数据。

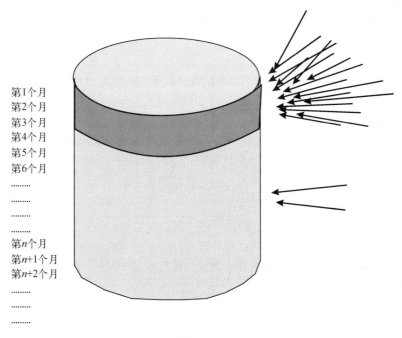

第1个月
第2个月
第3个月
第4个月
第5个月
第6个月
....
....
....
....
第n个月
第n+1个月
第n+2个月
....
....
....

图　1.6.4

随着数据在企业信息基础设施中保存时间的增加，其被访问的可能性逐渐下降。从实用角度

1

出发，相对较旧的数据会进入休眠状态（dormant）。对于结构化在线数据而言，并不一定会存在数据进入休眠状态的现象。

还有一些类型的业务不会出现数据使用随时间递减的现象，其中一种就是人寿保险行业。在该行业中，精算师经常会查看100多年以前的数据。在某些科研机构和制造业研究机构中，人们也可能会对50多年前取得的结果抱有很大兴趣。但是大多数组织都没有设置精算师的岗位，也没有科研机构。因此对于那些常规组织而言，其关注点几乎总是在最新的数据上。

有用性递减曲线可以通过如图1.6.5所示的曲线来表示。有用性递减曲线说明，随着时间推移，数据的价值会不断降低，至少在访问的可能性方面确实如此。请注意，实际上数据的价值从来都不会降低到零点；但是经过一段时间之后，数据的价值会接近于零。某些时候，数据的价值会变得非常低，对于所有的实际用途而言都没有价值。

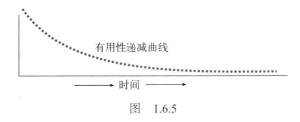

图 1.6.5

该曲线是一个相当陡的曲线，即经典的泊松分布。该曲线很有趣的一个方面在于：汇总数据和详细数据的有用性曲线实际上是不同的。图1.6.6说明了详细数据和汇总数据在有用性曲线上的差异。

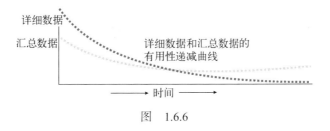

图 1.6.6

图1.6.6说明，详细数据的有用性递减曲线要比汇总数据的更加陡峭。此外，随着时间推移，汇总数据的有用性曲线趋于平缓，但是并不会接近零；而实际上详细数据的曲线则会接近零。有时候，汇总数据的曲线还会随着时间的推移开始增加，不过是以非常渐进的速度增长。

还有一种方法可以根据时间变化来观察数据的休眠情况。试想，有用性递减曲线实际上也可以反映数据随时间推移的积累情况。图1.6.7所示的曲线表明，随着时间推移，企业的数据累积量在加速增长。这种现象对每个组织都是确实存在的。

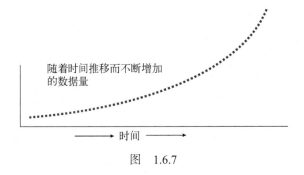

图   1.6.7

另一种观察该累积曲线的方式如图1.6.8所示。图1.6.8说明，企业数据会随着时间推移而不断积累，数据的使用也呈现出动态变化的不同分布带。图1.6.8中上面的数据带说明，随着时间推移，有一些数据是频繁使用的；中间的数据带则表示使用频率较低的数据；而下面的数据带用于表示根本没有使用的数据。随着时间推移，这些数据带都会不断延伸。

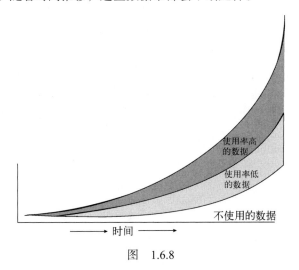

图   1.6.8

这些数据带通常与数据的"年龄"有关。数据越新，它们与企业当前业务就越相关。数据越新，对它的访问和分析也就越多。

当按照时间变化来观察数据时，还会发现另一个有趣的现象。经过很长一段时期之后，数据的完整性会退化。也许"退化"（degrade）这个词在此并不恰当，因为它带有一点贬义的味道。在这里使用这个词并没有贬义，而是简单地表明数据的意义会随着时间的推移而自然正常衰减。

图1.6.9说明了数据完整性随着时间推移不断退化的情形。要理解完整性随着时间推移而退化的现象，先来看一些例子。让我们以肉或者汉堡包的价格随时间变化的情况来说明。1850年，汉堡包每磅的价格是0.05美元。到了1950年，汉堡包每磅的价格是0.95美元。到了2015年，汉堡包的价格是2.75美元。这种按照时间推移来比较汉堡包价格的做法有意义吗？我们的回答是，勉强有点意义。问题并不在于对汉堡包价格的度量上。而是在于度量汉堡包价格的货币上。1850年

1

1美元的含义甚至与2015年1美元的含义有所不同。

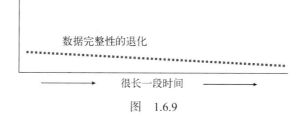

数据完整性的退化

很长一段时间

图 1.6.9

现在，我们再看看另一个例子。1950年，IBM公司的每股股票价格是35美元；而2015年，同一股票的价格是每股200美元。按照时间来比较股票价格是有效的比较吗？答案是，也勉强算是。2015年的IBM公司与1950年的IBM公司在产品、客户和收入上都不相同，而且美元的价值也不同。采用各种方式，都根本没有办法比较2015年的IBM公司和1950年的IBM公司。随着时间的推移，数据的定义已经发生了变化。1950年IBM公司的股票价格与2015年IBM公司的股票价格相比完全是一个相对数值，因为数值的意义已经发生了彻底的改变。

当时间足够长时，数据及其价值的定义都会发生改变。因此，数据定义的退化是一个不可争辩的事实。

1.7 数据简史

对于一本关于数据架构的书来说，如果没有讲述数据技术的发展，那么它就显得并不完整。首先要谈到的是接线板。这些需要手工接线的电路板是早期形态计算机的"插件"。这种硬线连接方式决定了计算机应该如何处理数据。

1.7.1 纸带和穿孔卡片

然而接线板笨拙且容易出错，只能处理很小的数据量。很快出现了另一种替代品：纸带和穿孔卡片。纸带和穿孔卡片能够处理更大的数据量，而且可以实现更多的功能。不过纸带和穿孔卡片也存在问题。当程序员丢弃一组卡片之后，重建卡片的顺序将是一项非常费力的工作。一旦卡片被穿孔，几乎不可能再对卡片做出改变（虽然在理论上是可以的）。另一个缺点是，这种介质只能存储相对少量的数据（图1.7.1描绘了卡片和纸带介质）。

卡片和纸带

图 1.7.1

1.7.2 磁带

很快，纸带和穿孔卡片就被磁带所代替。磁带是对磁带和穿孔卡片的一种改进。磁带可以存储更大的数据量，而且磁带上存储的记录是大小可变的（以前，穿孔卡片上存储的记录是大小固定的），所以说磁带有了一些重要的改进。

但是磁带也有很多缺陷。缺陷之一就是磁带上的文件必须按顺序访问。这就意味着分析师在寻找一条记录时不得不按顺序搜索整个文件。磁带文件的另一个缺陷是，随着时间的推移，磁带上的氧化物会逐渐剥离。一旦氧化物消失，磁带上的数据就无法恢复了。

尽管磁带文件存在一定缺陷，但是它比起穿孔卡片和纸带而言仍然是一种进步。图1.7.2展示了一个磁带文件。

磁带

图　1.7.2

1.7.3 磁盘存储器

由于磁带文件的缺陷，很快就有一种替代介质出现了。这种替代介质被称为磁盘存储器（或直接存取存储器）。直接存取存储器的巨大优势在于可以直接对数据进行存取，不再需要仅仅为了访问一个记录而读取整个文件了。有了磁盘存储器，就可以直接定位到某一数据单元。

图1.7.3展现了磁盘存储器。起初磁盘存储器非常昂贵，而且也没有太多的可用容量。但是硬件厂商很快对磁盘存储器的速度、容量和成本进行了改进。时至今日，磁盘存储器仍在不断改进。

磁盘存储器

图　1.7.3

1.7.4 数据库管理系统

随着磁盘存储器的出现，数据库管理系统（database management system，DBMS）诞生了。DBMS能够控制磁盘存储器上数据的存储、访问、更新和删除。DBMS将程序员从重复和复杂的工作中解脱出来。

数据库系统的出现带来了将处理器关联到数据库（和磁盘）的能力。图1.7.4展示了DBMS的出现，以及数据库与计算机的紧密耦合。

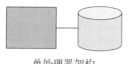

单处理器架构

图 1.7.4

最初，采用简单的单处理器架构就足够了。单处理器架构包括一个操作系统、DBMS和一个应用程序。早期的计算机可以管理所有这些组件。于是很快，处理器的性能得以提升拓展。正是从此开始，对存储能力的考量从改善存储技术本身转变为改善对存储技术的管理。在此之前，数据的发展是通过改进存储介质来取得巨大的飞跃；而在此之后，则是在处理器架构层面上出现了飞跃式发展。

很快，单处理器的性能达到了瓶颈。消费者总是可以购买更大、更快的处理器，但是不久之后，即使最大的单处理器也无法满足消费者对性能的需求了。

1.7.5 耦合处理器

下一个重大进展是多处理器的紧耦合，如图1.7.5显示。通过将多个处理器耦合在一起，处理能力也自然而然地提高了。通过在不同处理器之间共享内存，耦合多个处理器成为可能。

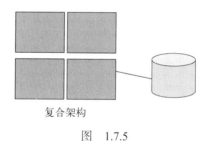

复合架构

图 1.7.5

1.7.6 在线事务处理

随着更强的处理能力和DBMS控制的出现，创建一种新型系统已经成为可能。这种新型系统被称为在线实时系统（online real-time system）。这类系统所做的处理被称为在线事务处理（online transaction processing，OLTP）。

图1.7.6展示了在线实时系统。有了在线实时处理，人们就能以一种此前无法实现的方式来使用计算机。有了在线实时处理系统，人们可以采用此前无法做到方式与计算机进行交互。一夜之间，出现了航空订票系统、银行柜员机系统、自动取款机系统、库存管理系统、汽车预订系统等许许多多的系统。当实时在线处理成为现实之后，计算机在商业上就有了前所未有的应用。

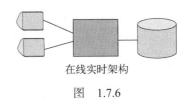

在线实时架构

图　1.7.6

随着计算机使用的爆炸性增长，人们创建的数据量和数据类型也都有了爆炸性增长。数据如洪水般涌来，人们开始希望能够拥有集成化数据，而不再仅仅满足于从某个应用程序获取数据。随着数据大潮的涌来，人们需要以一种内聚性的方式来看待数据。

1.7.7　数据仓库

于是，数据仓库诞生了，如图1.7.7所示。数据仓库出现后，"事实的唯一版本"或"记录系统"也随之出现。有了"事实的唯一版本"，现在组织就拥有了数据基础，可以充满信心地进行使用。

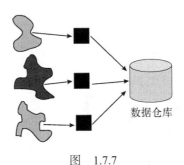

数据仓库

图　1.7.7

随着数据仓库的出现，数据量继续呈爆炸性增长。在数据仓库之前，并没有什么地方可供人们方便地存储历史数据；但是有了数据仓库之后，组织第一次拥有了一个天生为存储历史数据而设计的方便之所。

1.7.8　并行数据管理

有了存储大量数据的能力，自然而然地，对于数据管理产品和技术方面的需求也直线上升。很快出现了一种名为"并行"数据管理的架构方式，如图1.7.8所示。

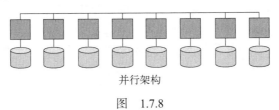

并行架构

图　1.7.8

有了并行数据管理方法之后，就可以容纳海量数据了。并行方式可以比任何已有的非并行技术管理更多的数据。有了并行管理方式，能够管理多少数据量的限制因素就是经济方面的限制，而不是技术方面的限制了。

1.7.9　Data Vault

随着数据仓库的增长，人们意识到有必要改良数据仓库设计的灵活性，并且改进其数据完整性。这样就产生了Data Vault，如图1.7.9所示。有了Data Vault，目前数据仓库在设计和完整性上都达到了极致。

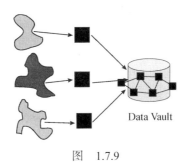

图　1.7.9

1.7.10　大数据

但是数据量还在继续增加。很快就有系统超出了此前最大并行数据库的能力。这时，一种名为大数据的新技术出现了，它对数据管理软件优化的着眼点在所能够管理的数据量，而不是以在线方式访问数据的能力。

图1.7.10描绘了大数据的到来。随着大数据的出现，人们能够捕获和存储几乎无限量的数据。随着海量数据处理能力的出现，人们开始需要一种全新的基础设施。

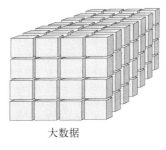

大数据

图　1.7.10

1.7.11　分界线

人们不仅意识到需要一种新的基础设施，也开始意识到大数据存在两种明显不同的类型，即前面谈到的重复型大数据和非重复型大数据。重复型大数据和非重复型大数据所需的基础设施明显不同。

图1.7.11说明了对重复型大数据和非重复型大数据之间差别的认识。

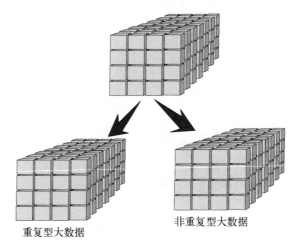

重复型大数据   非重复型大数据

图   1.7.11

第 2 章

大数据

2.1 大数据简史

讲述历史的方式有很多种。当讲述计算机科学这一领域的历史时，一种常用的方式是按照技术发展的历程介绍。另一种常用的方式就是按照组织结构的方式进行介绍。在此，我们将从市场的观点出发来讲述大数据简史。

2.1.1 打个比方——占领制高点

通过类比方式讲述大数据简史以及相关事物的由来是非常有用的。在此，我们采用的类比是军事上占领制高点的战术。

军事战术家很早就明白，占领制高点在任何军事作战中都是非常重要的。图2.1.1描绘了位于山脊上的一架军用大炮，它占据了非常有利的位置。

图　2.1.1

在数据库技术的演进过程中，有很多与占领制高点这一战术神似的地方。不论什么公司，只要其拥有能够支持当前最大数据量的DBMS，那么该公司就在数据库管理系统这一战场上取得了制高点优势。在这个例子中，数据库市场就是一个战场，而市场份额的竞争就是一场战斗。评判在这一战场上取胜的依据就是有多少用户签约并使用其DBMS产品。

除此之外，还有其他一些DBMS并不采用所能管理的数据量作为独特标准。这些DBMS有着属于自己的战场以及在战场上取胜的标准。然而，对于大数据这个战场而言，取胜的标准正是所能管理的最大数据量。

2.1.2 占领制高点

大数据发展历程中的里程碑事件如图2.1.2所示。

```
大数据的市场发展简史
(1) 早期系统——混杂状态（1960年之前）
(2) IBM360系统——IMS数据库（1960~1970年）
(3) IBM在线事务处理（1970~1990年）
(4) Teradata——MPP并行处理（1990~2010年）
(5) Hadoop——大数据技术（2000~2005年）
(6) IBM/Hadoop大数据上市（2005年~现在）
```

图   2.1.2

在计算机行业早期蓬勃发展的时期，出现了许许多多的计算机系统、应用程序和操作系统。那时有很多厂商，进行技术选择是一项极具风险且艰巨的任务。早期的系统有很多问题，其中的主要问题之一就是在语言、操作系统和应用程序方面尚未实现标准化。由于什么都没有标准，一切都需要采用定制的方式来生产。进而，编写的客户代码也必须根据客户代码的不同而分别进行维护。简而言之，早期阶段一片混乱。

2.1.3 IBM360 带来的标准化

后来，IBM引入了360处理器产品线。IBM360是在标准化方面第一次大规模的尝试。有了IBM360，当你编写代码时，只需对代码进行很少改动或者不改动，就可以将代码升级为360产品线中一个较大的处理器。现在，我们都觉得软件和系统的互换性是理所应当的事情，但是曾经有那么一个阶段，软件和系统的升级确实是一项令人头痛的工作。

IBM360出现之后不久，IBM又引入了IMS；这是他们的DBMS，运行于IBM360产品线之上。IMS并不是第一个DBMS，但它是第一个运行于标准化软件之上的DBMS。此外，IMS能够管理大量的数据。（请注意，"大量"这个词完全是相对性的。IMS在其早期阶段所能处理的数据量相对于今天的DBMS所能处理的数据量而言微不足道，但是对于当时那个年代来说，IMS所能处理的数据量已经算是相当可观了。）

可以说，IBM已经认识到了占领制高点的重要性，并且凭借IMS占据了大规模标准化数据库管理的制高点。从军事观点来看，IBM受益于该制高点优势。

2.1.4 在线事务处理

人们很快发现，除了数据库管理之外，IMS还可以用于完成其他工作。IMS不仅能够管理数据库，当为其配备数据通信（data communication，DC）组件时，IMS还可以实现所谓的在线事务处理（online transaction processing）。对IBM来说，这占据了绝佳的位置。

在线事务处理出现之前，计算机已经能够用于增强很多业务流程。但是随着在线事务处理的出现，计算机渗透到了企业的日常运营当中。此前，计算机并不是业务运行过程中必不可少的要素。

有了在线事务处理，计算机发挥出了人们此前并未预见到的重要作用，完成了此前不可能实现的工作。有了在线处理，组织可以建立预订系统，例如航线车辆出租。有了在线事务处理，在线银行柜员机系统和ATM也随之出现。此时，IBM牢牢控制了企业事务处理的制高点。

2.1.5 Teradata 的出现和大规模并行处理

一家名叫Teradata的公司加入混战，引入了一种名为大规模并行处理（massively parallel processing，MPP）的新数据库技术。借助MPP数据库技术，Teradata公司能够处理的数据量要明显比IBM大很多。当处理海量数据时，IBM基于IMS的技术无法与MPP架构技术相匹敌。这样，Teradata公司迅速夺占了技术制高点。

但是Teradata进入市场之后并未立刻取得巨大的成功。IBM进行了很好的账户控制，这在很长一段时间里抵挡住了Teradata的入侵。Teradata锲而不舍，经过大量的市场宣传、营销努力和技术改进，终于开始赢得客户，尤其是一些大客户。现在，Teradata已经开始控制这一制高点，并从中获利。

2.1.6 随后到来的 Hadoop 和大数据

Hadoop技术几乎是无意之间加入战局的。Hadoop的出现是为了满足比Teradata处理更多数据的需求。实际上，Teradata数据管理的缺陷是一种经济上的缺陷，而远非一种技术性的缺陷。但是Hadoop旨在解决优化DBMS数据量管理方面的问题，而并不是为了优化管理每一个数据字段的能力。这就出现了从关注数据环境中数据单元的管理到强调数据量管理的转变。

Hadoop是大数据的核心。有了Hadoop技术，大数据从梦想变为现实。Hadoop只迎了少数一些在大规模数据处理方面具有特殊需求的客户。因此，尽管Hadoop占据了比Teradata更高的制高点，但是Hadoop及其厂商对于能够在市场上占据小众地位仍然感到满意。

2.1.7 IBM 和 Hadoop

当Hadoop证明自己是一件切实可行的产品后，IBM认识到，它可以借助Hadoop来重新夺取更高的制高点。随着大数据时代的到来，IBM重新夺取了大规模DBMS的制高点。

2.1.8   控制制高点

控制制高点的重要性是不可估量的，因为当厂商拥有制高点的时候会有非常多的机会。厂商可以自由地开发硬件、软件，获得提供咨询的机会，等等。

2.2   大数据是什么

尽管有些人坚信高德纳咨询公司（Gartner Group）对大数据的定义，认为大数据应该具有数量大、速度快和多样性（volume, velocity, variety）这三个特征，但是这三个特征也可以用来描述其他事物，比如高速公路上行驶的半挂车或者远洋邮轮所装载的货物。也就是说，这个定义并没有揭示出大数据区别于其他事物的识别性特征。

2.2.1   另一种定义

在本书中，我们给出了大数据的另一种定义，并且列举出了大数据的识别性特征。大数据是：
- 以非常大的数据量存储的数据；
- 存储在廉价存储器中的数据；
- 通过罗马人口统计方法管理的数据；
- 以非结构化格式存储和管理的数据。

这些就是本书给出的大数据的界定性特征。下面对其中的每一种特征进行更加明确的解释。

2.2.2   大数据量

大多数组织都已经拥有足够的数据量来支持其日常业务。不过，有一些组织有着惊人的数据量，需要研究下面这样的数据。
- 互联网上的所有数据
- 卫星传送下来的气象数据
- 全世界所有的邮件
- 由模拟计算机产生的制造业数据
- 有轨电车穿过轨道时产生的数据

有些组织需要存储和管理的数据量非常大，但是并没有物美价廉的方式来存储和管理数据。虽然可以将数据存储到标准DBMS中，但是这种存储方式的成本非常高昂。

在面对管理海量数据带来的挑战时，业务价值问题也随之出现。在此过程中需要解决的基本问题是："具备研究海量数据的能力可以带来什么样的业务价值？"过去那种"筑巢引凤"式的思路已经不再适用于海量数据环境。在组织开始存储大规模数据量之前，首先要对数据本身所蕴含的业务价值有很好的了解。

2.2.3 廉价存储器

尽管大数据技术能够存储和管理大规模的数据量，但是如果所采用的存储介质比较昂贵，那么要建立海量存储就不现实。换言之，如果仅仅采用昂贵的高性能存储器来存储数据，那么大数据带来的成本是令人望而却步的。要成为一种务实而有用的解决方案，大数据必须能够使用廉价的存储器。

2.2.4 罗马人口统计方法

大数据架构的基石之一是采用了"罗马人口统计方法"进行处理。通过使用罗马人口统计方法，大数据架构可以支持几乎无限数据量的处理。

当第一次听到罗马人口统计方法时，人们会感到这有悖于直觉，十分陌生。大多数人的第一反应是问罗马人口统计方法到底是什么。从架构上来看，这种方法的确是大数据功能的核心所在。令人意外的是，很多人实际上要比他们想象中更加熟悉罗马人口统计方法。

大约在两千年以前，罗马人决定要对罗马帝国的每一个公民征税。但是，要对罗马帝国的公民征税就必须首先进行人口统计。罗马人试图让罗马帝国的每个公民依次穿过罗马城门并进行计数，但是他们很快发现这种方法并不可行。罗马帝国的公民分布很广，远及现在的北非、西班牙、德国、希腊、伊朗、以色列、英格兰等。且不要说有很多人居住在很远的地方，就算是通过船只、板车和驴子等把罗马城里的每一个公民运来都显然是不可能的事情。

因此罗马人认识到，采用一种集中式的处理方法（获取统计的计数）来完成人口统计工作无法奏效。罗马人最终通过组建一个人口统计团解决了这一问题。人口统计员们首先在罗马城集合，之后被派往罗马帝国的各个地方，并且在约定的那一天同时进行人口统计。接下来，在完成人口统计之后，各地的人口统计员都返回罗马城，并且在那里将统计结果汇总制表。

对于数据来说，也可以采用相同的工作思路，不必将数据都发送到一个中央位置并且在同一个地方完成全部数据处理工作。通过分布式处理的方式，罗马人解决了对规模庞大的人口进行统计的问题。

很多人并没有意识到自己其实对罗马人口统计方法非常熟悉。你看，这里就有一个关于玛丽亚和约瑟两个人的故事，他们被迫来到伯利恒小镇参加罗马的人口统计。在路上，玛丽亚生下了一个名叫耶稣的小男孩。这个故事接下来讲述的是牧羊人聚集起来看望这个小男孩，东方三博士也寻访而来并且赠送了小男孩礼物。就这样，很多人都非常熟悉的基督教诞生了。可以说，罗马人口统计方法与基督教的诞生也密切相关。

在罗马人口统计方法中，如果你有海量数据需要处理，请不要进行集中处理。相反，你应该将处理方法发送到数据，实现数据的分布式处理。采用这种方式，你实际上可以实现对几乎无限数据量的处理。

2.2.5   非结构化数据

另一个与大数据相关的问题是：大数据究竟是结构化的还是非结构化的？在很多圈子里，人们认为所有的大数据都是非结构化的；在其他一些圈子里，也有人认为大数据是结构化的。那么到底哪一种说法正确呢？正如我们即将看到的，问题的答案完全取决于你如何定义 "结构化" 和 "非结构化" 这两个术语。

"结构化" 这一术语使用最广泛的定义是：所有通过标准DBMS管理的数据都是结构化的。图2.2.1给出了一些采用标准DBMS管理的数据。

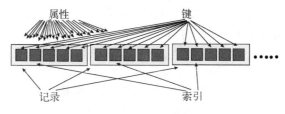

图   2.2.1

要将数据装载到DBMS中，就需要对系统的逻辑特征和物理特征进行仔细定义。所有数据（包括属性、键和索引）都需要在装载到系统之前进行定义。

"结构化" 这一概念通常的含义是 "能够采用标准的DBMS进行管理"。这种提法已经有很长时间了，而且广为人知。

2.2.6   大数据中的数据

现在再来看看在大数据环境中，数据是以什么样的形态存在的。这里并不存在标准DBMS中那样定义的基础设施。各种各样的数据都存储在大数据环境中，而且数据在存储时并没有类似图2.2.2中所示的数据结构的概念。

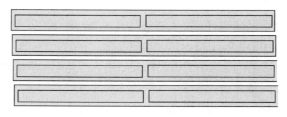

图   2.2.2

如果说 "结构化" 的定义其含义为 "由标准DBMS管理的"，那么存储于大数据环境中的数据显然就是非结构化的。然而，对于 "结构化" 这个术语的含义还有一些不同的解释。试想一下，大数据环境中包含很多重复型记录（非常常见）。图2.2.3显示出，大数据可以包含若干由很多重复型记录组成的数据块。在大数据的很多应用实例中仅包含这种类型的信息，其中又包括以下几种信息。

- ❏ 点击流数据
- ❏ 计量数据
- ❏ 电话呼叫记录数据
- ❏ 模拟数据

当存在重复型记录时，同样的数据结构会一遍遍重复，出现在一条接一条的记录中；而且经常会出现同一数值重复出现的情况。对于大数据中的重复型记录来说，并没有标准DBMS中那样的索引设施。但是大数据中仍然存在指示性的数据，尽管它并不是采用索引来管理的。

图　2.2.3

2.2.7　重复型数据中的语境

图2.2.4说明，在大数据的重复型记录中存在可以用于识别记录的信息。有时候，这种信息称作语境（context）。为了在记录中找到这样的信息，必须对记录进行解析（parse）以确定其价值。但是事实上这种信息确实存在，就隐藏在记录里面。当你观察大数据存储块中所有的重复型记录时，会发现每一条记录中都存在同样的数据类型，准确来说是同样的格式。图2.2.5说明，重复的记录有着同样的识别性信息，而且结构也完全相同。从重复性和可预见性的角度来看，大数据内部确实包含了结构化程度很高的数据。

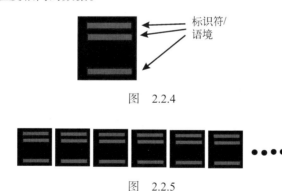

标识符/
语境

图　2.2.4

图　2.2.5

因此，要回答大数据是否存在结构这一问题，如果你研究该问题时秉持的观点是"结构的含义是一种结构化的DBMS基础设施"，那么大数据就不包含任何结构化数据；但是如果你研究大数据时秉持的观点是"包含带有可预见语境的重复型数据"，那么就可以说大数据是结构化的。因此，这个问题并不能用"是"或者"否"来回答。这个问题的答案完全取决于结构化和非结构化定义的内涵是什么。

2.2.8　非重复型数据

尽管大数据包含结构化数据，但是大数据也含有所谓的"非重复型"数据。非重复型数据记录是指结构和内容完全相互独立的记录。对于非重复型数据来说，如果出现两条在内容或结构上非常相似的记录，那完全就是一种偶然。

非重复型数据的例子也有很多，比如以下这些。

- 电子邮件
- 呼叫中心信息
- 卫生保健记录
- 保险索赔信息
- 质保索赔信息

非重复型信息中也包含指示性信息，但是在非重复型记录中找到的指示性信息是不规律的。非重复型数据中的语境信息完全没有模式可言。

2.2.9　非重复型数据中的语境

图2.2.6展现了非重复型大数据环境中的数据块，它们在形状、大小和结构上都不规则。在非重复型数据记录中存在反映语境的数据，但是这种数据必须以图2.2.7所示的定制方式进行抽取。

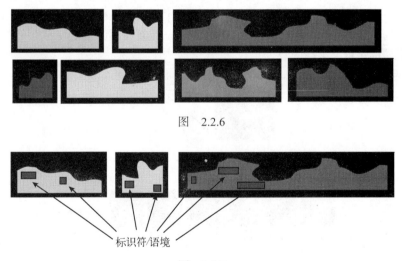

图　2.2.6

标识符/语境

图　2.2.7

非重复型数据中存在语境。不过，发现这种语境的方式和方法与重复型数据或者标准DBMS中经典结构化数据都有所不同。在后续章节中还将介绍文本消歧这一主题。通过文本消歧操作，可以获得非重复型数据中的语境。

还有另一种研究大数据中重复型数据和非重复型数据的方式。如图2.2.8所示，大数据中的绝大多数数据量通常都是重复型数据。图2.2.8说明，当从数据量的视角来研究时，非重复型数据仅占大数据中的一小部分。

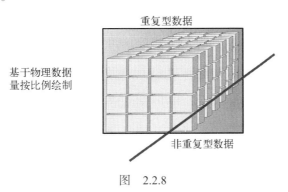

重复型数据

基于物理数据量按比例绘制

非重复型数据

图　2.2.8

然而，图2.2.9给出了一种极为不同的视角。从业务价值的视角来看，大数据中绝大多数的业务价值都蕴含在非重复型数据中。

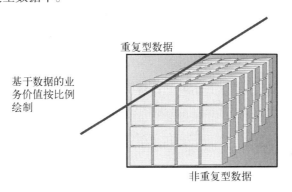

重复型数据

基于数据的业务价值按比例绘制

非重复型数据

图　2.2.9

这就是说，数据量和数据的业务价值之间实际上是不相匹配的。对于那些研究重复型数据并且希望从中找出大规模业务价值的人来说，他们将来很可能会失望。但是对那些在非重复数据中寻找业务价值的人来说，还有很多值得期待之处。

比较一下在重复型数据中寻找业务价值和在非重复型数据中寻找业务价值的情形，你会发现这正如一条古老的谚语所说的："90%的渔民打鱼的地方只有10%的鱼。"这条谚语反过来说就是："只有10%的渔民打鱼的地方有90%的鱼。"

2.3　并行处理

大数据的精髓在于能够处理非常大的数据量，如图2.3.1所示。大数据需要处理如此多的数据，导致数据的装载、访问和操作都是一种现实挑战。毫无疑问，没有哪台计算机能够独立处理大数据环境中所积累的全部数据。唯一可行的策略就是使用多个处理器来处理大数据环境中的海量数

据。要理解为什么必须采用多个处理器进行并行处理，可以想想一个古老的故事，它讲述了一个
农夫如何使用四轮货车把他的农产品运送到集市上去。刚开始，这个农夫并没有多少农产品，他
用一头驴来拉货车就可以了。但是时光一年一年过去，农夫的收成越来越好，很快他就需要一辆
更大的货车了，还需要一匹马来拉车。后来有一天，货车里的农产品变得非常多了，农夫需要的
不仅仅是一匹马，而且是一匹健壮的克莱茨德尔马。时光飞逝，农夫的庄稼种得越来越好，农产
品的产量不断增加。直到有一天，即使克莱茨德尔马也拉不动货车了。这时候，就需要用多匹马
来拉车了。现在，农夫需要面对一系列新的问题。为了使他的马队能够协作拉车，他需要新的索
具和训练有素的车夫等。

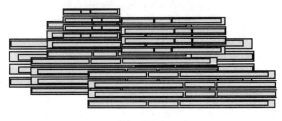

图   2.3.1

在有大量数据的地方也会出现同样的现象。需要采用多处理器来装载和操作大数据环境中的
海量数据。

在2.2节曾经讨论过罗马人口统计方法。这种方法是管理大规模数据时进行并行处理的方式
之一。图2.3.2描述了罗马人口统计方法中出现的并行处理：将多个处理器连接在一起以协调的方
式运行。每一个处理器都控制和管理自己的数据，而这些数据共同形成的数据量就称作大数据。

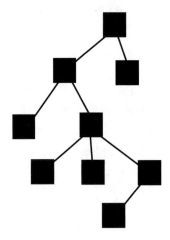

图   2.3.2

请注意，从形状上来看这个网络是不规则的，很容易向该网络中添加新的节点。还要注意，
发生在一个节点上的处理与发生在另一节点上的处理是完全独立的。图2.3.3说明有些节点可以与

其他一些节点同时进行处理。

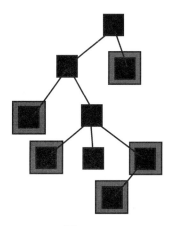

图 2.3.3

有意思的是，并行化并不能减少处理大数据所需的机器周期总数。事实上，并行化处理实际所需的机器周期总数还会增加，因为这时还需要协调跨不同节点的处理。相反，引入并行化处理之后消耗的总时间减少了。并行化处理的程度越高，管理大数据环境中的数据所花费的时间越少。

并行化有多种不同形式，罗马人口统计方法并不是并行化的唯一形式。另一种经典的并行化形式如图2.3.4所示。这种并行化形式称作大规模并行处理（massively parallel processing，MPP）。在MPP形式的并行处理中，每个处理器都控制其自己的数据（这与罗马人口统计方法的应用情形一样）。但是在MPP方法中，需要对各节点处理进行紧密协调。要实现对节点的紧密控制，可以在数据装载之前解析并定义数据，使之适应MPP数据结构。图2.3.5显示了解析数据并使之适应MPP结构的过程。

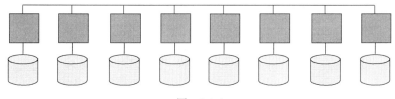

图 2.3.4

图2.3.5指出，在MPP架构中，数据的解析在很大程度上影响了数据放置的位置。这要求一条记录放置于一个节点上，而另一条记录放置于另一个节点上。

解析数据并且将解析信息作为放置数据的依据，这种做法最大的好处就是能够更加高效地定位数据。当分析师希望定位到某个数据单元时，也就说明了数据的价值，这也正是他对系统的兴趣所在。系统采用某种算法（一般是一种散列算法）将数据存放在数据库内，之后系统就可以高效定位该数据了。

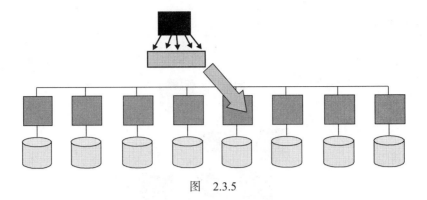

图　2.3.5

当采用罗马人口统计方法实现并行化时，其事件顺序与MPP方法有所不同。在罗马人口统计方法中，要向系统发送一个查询来搜索某些数据。之后，搜索到某个节点所管理的数据并进行解析。在解析时，系统就知道已经找到了要查找的数据。图2.3.6展示了该过程中出现的解析操作。

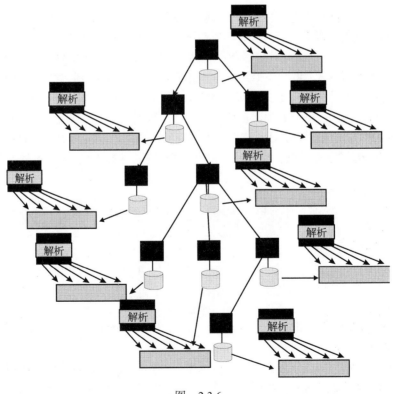

图　2.3.6

图2.3.6说明，系统要做相当多的工作才能完成对某个数据实例的查找。但是，有很多处理器的话，搜索过程所花费的时间量就会缩短到一个合理的区间。如果不采用并行处理，进行一次搜

索所花费的时间量足以让人感到不耐烦。

不过，还是有一些好消息的。好消息就是重复型数据的解析是一项非常简单的工作。图2.3.7展示了对重复型数据的解析。对于大数据中的重复型数据来说，其解析算法非常简单。与其他重复记录数据相比，大数据中的重复型数据只有很少的语境信息，而且很容易就能发现那些存在语境信息的地方。这就意味着解析器所需完成的工作非常简单（注意，这里所说的"简单"完全是相对于解析器在其他场合所需完成的工作而言的）。

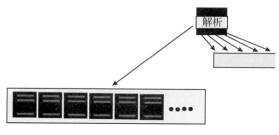

图　2.3.7

比较一下重复型数据的解析和非重复型数据的解析。图2.3.8展示了对非重复型数据的解析。非重复型数据与重复型数据的解析完全不同。实际上，非重复型数据的解析过程也通常称为文本消歧。与仅仅解析非重复型数据相比，读取它们需要做更多的工作。然而一旦这些工作就绪，就可以读取非重复型数据并将其转换成为DBMS所能够管理的形式。

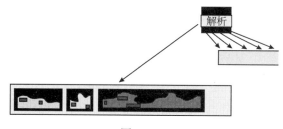

图　2.3.8

之所以说非重复型数据需要的不仅是一种解析算法，这是有充分理由的。原因就在于非重复型数据中的语境是以多种复杂形式隐藏的。正因为如此，通常要从外部对大数据环境中的非重复型数据进行文本消歧。换言之，由于非重复型数据固有的复杂性，需要在管理大数据的数据库系统外部进行文本消歧。

与大数据环境的并行处理相关的一个问题就是查询效率问题。如图2.3.6所示，当针对大数据环境执行一个简单查询时，对大数据环境中的整个数据集的解析过程必须执行完毕。虽然数据是以并行方式管理的，但是进行这样的完整数据库扫描需要占用很多机器资源。

一种替代方法是一次性扫描数据并且单独创建一个索引。但是这种方法仅仅对于重复型数据有效，而对于非重复型数据并不起作用。一旦面向重复型数据的索引创建完毕，则数据扫描的效率就会比进行全表扫描快很多。创建索引之后，当需要检索大数据时就不必每次都进行全表扫描了。

当然，索引也必须进行维护。每当向大数据环境中添加数据时，就需要对索引进行更新。此外，在建立索引之时，设计者还必须了解有哪些语境信息可用。图2.3.9表现了依据重复型数据中的语境数据创建索引的过程。

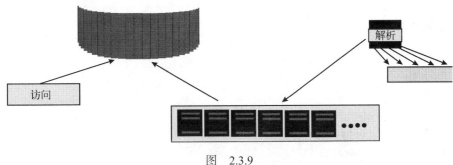

图   2.3.9

在重复型数据上单独创建索引存在的问题之一是：这样创建的索引是面向特定应用程序的。在索引建立之前，设计者必须知道要查找哪些数据。如图2.3.10所示，为大数据中的重复型数据创建索引也具有面向特定应用程序的本质特征。

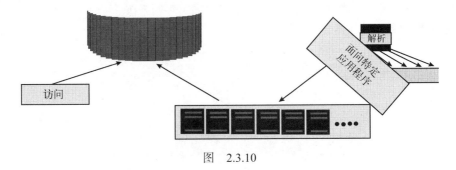

图   2.3.10

2.4 非结构化数据

据估算，企业数据中有80%以上是非结构化数据。非结构化信息的形式有很多种，包括视频、音频、图像等。但是毫无疑问，最受关注和最有用的非结构化数据是文本信息。

2.4.1 随处可见的文本信息

文本信息在企业中随处可见，它存在于合同、电子邮件、报表、备忘录、人力资源评估等当中。总而言之，文本信息构成了企业生活的基本架构，而且这对任何企业来说都是事实。

非结构化信息主要可以划分成两个类别：重复型非结构化数据和非重复型非结构化数据。图2.4.1展示了全体企业数据的类别划分。

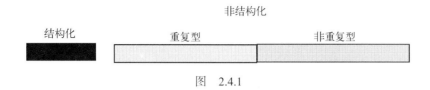

图　2.4.1

2.4.2　基于结构化数据的决策

绝大多数企业决策过程都是基于结构化数据的。这有多方面的原因，而主要原因在于结构化信息易于自动处理。结构化数据天生且一般都适合于标准数据库技术。一旦采用了数据库技术，在企业内部就很容易分析这些数据，很容易就能读取并分析10万条结构化的记录信息。此外，还有大量分析工具可用于标准数据库记录的分析处理。

图2.4.2说明，大多数企业决策都是基于结构化数据进行的。尽管事实如此，但是在企业非结构化信息中仍然蕴藏着未开发的潜在财富。我们的挑战就在于如何释放这种潜力。

图　2.4.2

2.4.3　业务价值定位

图2.4.3显示出不同类型的非结构化数据具有不同的业务价值定位。重复型非结构化数据是有业务价值的，但是重复型非结构化数据中的业务价值很难查找和释放。在很多情况下，重复型非结构化数据中完全没有业务价值。

图　2.4.3

然而，在非重复型非结构化数据中则蕴含了巨大的业务价值。在许多情况下，非重复型非结构化数据中的业务价值都是非常高的。下面是非重复型非结构化数据中存在业务价值的几个例子。

- ❑ 电子邮件：客户会在电子邮件中表达其意见。
- ❑ 呼叫中心信息：这些信息反映出客户与企业的直线联系。
- ❑ 企业合同：其中揭示了企业的债务。
- ❑ 质保索赔：生产商可以从中找出生产过程中的薄弱环节。
- ❑ 保险索赔：保险公司可以从中评估有利可图的业务所在。
- ❑ 市场分析公司：可以分析直接用户的反馈信息。

对于查找和使用非重复型非结构化信息来说，这些例子仅仅揭示出了冰山上最明显的一角而已。

2.4.4　重复型和非重复型的非结构化信息

图2.4.4说明了重复型非结构化环境和非重复型非结构化环境之间的内在区别。正如前面已经谈到的"分界线"，重复型环境和非重复型环境之间存在很多区别。但是，也许这两种环境最深刻、最具相关性的区别就在于它们各自支持什么样的分析处理。图2.4.5显示出，当在重复型非结构化数据环境下工作时，分析处理很容易进行；但是当对非重复型数据做分析时，情况就比较棘手，难以进行。

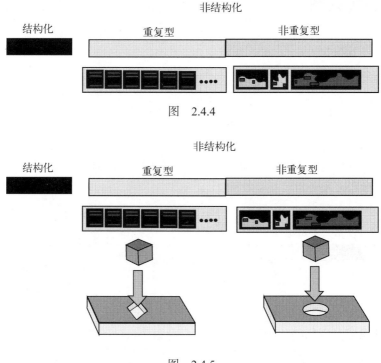

图   2.4.4

图   2.4.5

2.4.5 易于分析

从图2.4.5可以看出，重复型非结构化环境中的分析就像把方木块放进方孔中那么简单，而非重复型非结构化环境中的分析就像把方木块放进圆孔中那么棘手和困难。重复型数据和非重复型数据之间存在这么大的差别是有很多原因的。重复型结构化数据容易进行分析的原因有以下几个。

- 记录的表现形式是统一的。
- 记录通常短小而紧凑。
- 容易找到记录中的语境信息，因而记录容易解析。

大多数与非重复型非结构化数据相反的情形在这里都是成立的。非重复型非结构化记录具有以下几个特征。

- 在表现形式上非常不统一。
- 有时小，有时大，有时非常大。
- 记录的解析非常困难，因为记录是由文本组成的。与简单解析不同，文本的处理需要采用一种完全不同的方式。

这两种类型的数据之间还可能有更多的不同，但是上述这些差别已经能够使我们辨识出非结构化数据这两种类型之间的分界线。

那么为什么对于文本的处理如此难以进行呢？图2.4.6给出了一些典型的文本。文本难以处理的原因有很多。首先，关于文本是不是非结构化数据的问题实际上是有争论的。一个英语老师可能认为文本根本就不是非结构化的，所有文本的结构都是遵循一定语法规则的。这些规则包括以下这些。

- 拼写
- 标点符号
- 语法
- 正确的语句结构

> "账号123是比较可疑的。上个月的付款晚了。如何确认收入是值得商榷的，尤其是在需要考虑未兑现的承诺时。运输费用又是另一个问题。下一个要审查的账户是账户Inmon。对于这个账户，尽管有足够的收入，但是并没有增长。已经承诺了要增长，但到目前为止，我们什么都没有看到。开支已经趋于稳定，而且再没有要兑现的承诺了。然而，所有的收入都已经算入不计债务服务的工资中了……"

图 2.4.6

毋庸置疑，要正确构造文本需要遵循很多规则；但是那些规则过于复杂，对于计算机而言显得并不容易理解。从计算机的视角来看，文本是非结构化的，因为计算机无法理解正确进行文本构造所需的全部规则。

2.4.6   语境化

如果要将文本转换成一种可以供计算机使用的形式，那么就必须对文本的很多部分进行管理。但是显然，对文本来说，需要掌控的最重要且最复杂的方面就是查找和确定文本的语境。不管怎么说，如果你并不理解文本的语境，那么就无法使用文本来进行任何形式的有用决策。

对那些希望在决策过程中使用非重复型非结构化文本的分析师来说，如何将文本置于语境中进行研究是他们所面临的最大挑战。图2.4.7给出的例子说明了理解语境的重要性。

图   2.4.7

两位绅士在转角处聊天，当一位年轻的女士经过他们时，其中一位绅士对另一位绅士说："She's hot."那么，在这里他要表达的是什么意思呢？

一种解释是，那位绅士发现这位年轻女士非常迷人，他希望能够和她约会。另一种解释是，当时是在得克萨斯州的休斯顿，恰好又是七月的一天，气温接近37℃，而湿度达到了100%。这位女士浑身都汗湿了，她很热。还有一种解释是，这两位绅士是在医院里聊天，而他们都是医生。一位医生刚刚为这位女士量了体温，她的体温达到了40℃。她发着高烧，所以很热。

上述对 "She's hot." 这句话含义的三种解释都极为不同。如果试图在不考虑语境的情况下解释这句话，那么很可能会引起灾难或者令人陷入窘境。

寻找和理解语境的需求并不仅仅存在于解释前例中那句话的情形。这种寻找和理解语境的需求对所有语句来说都是实际存在的。对于想要理解非重复型非结构化数据的分析师来说，需要面对的最大挑战就是如何实现文本的语境化以促进理解。图2.4.8揭示出，在非重复型非结构化数据中寻找语境是一项巨大的挑战。

查找语境

图   2.4.8

值得注意的是，还存在一些来自其他方面的挑战。尽管语境非常重要，但是对于分析来说，它并不是唯一需要面对的挑战。

2.4.7　一些语境化方法

在非重复型非结构化数据中寻找语境极具挑战性，这并不是一种最近才产生的看法。实际上，人们从很早以前就开始尝试文本的语境化。最早尝试文本语境化的是一种名为"自然语言处理"的技术，这种技术有时也叫作自然语言编程（natural language programming，NLP）。

NLP技术已经出现很长一段时间了，也取得了一定的成功。然而，NLP存在一些固有的缺陷。第一个缺陷是NLP假定文本的语境都源自文本本身。问题就在于，只有很少量的语境是来自文本本身的。对于前述例子中的两个绅士来说，绝大多数的上下文都是来自外部来源，而并非来自文本本身。那位女士年轻而迷人吗？当时是得克萨斯州休斯顿的夏天吗？他们的谈话是发生在医院吗？所有这些背景信息所提供的语境其实在他们的谈话中都没有体现。

NLP的第二个缺陷是NLP并没有考虑强调语气。试想有人说了一句"我爱你"。应该如何解读这句话？

如果在说"我爱你"的时候语气上强调的是"我"，那么意思就是说是我而不是别人爱你。如果语气上强调的重点是"爱"，那么这句话的意思就是我有一种非常强烈的感情：我不仅仅是喜欢你，而实际上是深爱着你。如果语气上强调的重点是"你"，那么这句话的意思就是说我爱的是你，而不是别人。

因此，同样的话会因为说话语气不同而表达出不同的意思。

但是，关于NLP为什么很难体现出具体成果有着极为不同的原因。原因就在于，要得到有效实现，NLP必须要理解语句背后的逻辑。问题是，英语这种语言演化了很多年，存在很多种境况；到了最后，英语这门语言背后的逻辑变得非常复杂。要尝试找出英语背后的逻辑不仅困难而且曲折。

出于这些原因（也许更多），NLP处理收效甚微。一种更为实用的方法是文本消歧。图2.4.9展现了这两种针对文本语境化的方法。在以后的章节中将介绍更多关于文本消歧的内容。

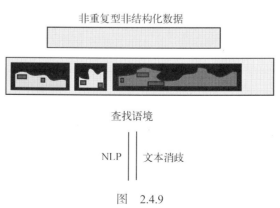

图　2.4.9

2.4.8 MapReduce

研究大数据中语境化问题的另一种方法是一种名为MapReduce的技术。MapReduce是一种面向技术人员的语言，可以用于完成大数据中各种有用的事情，如图2.4.10所示。然而，由于MapReduce需要编写和维护很多代码行，而且对于非重复型非结构化数据的语境化复杂性过高，这限制了它在非重复型非结构化数据语境化中的应用。

查找语境
MapReduce

图   2.4.10

2.4.9 手工分析

还有另一种历史悠久的非重复型非结构化数据分析方法，那就是通过手工方式进行分析。图2.4.11说明可以手工分析非重复型非结构化数据。

图   2.4.11

进行手工分析最大的优势是不需要基础设施的支持，只需要能够阅读和分析信息的人。因此，一个人可以直接对非重复型非结构化信息进行分析。进行手工分析的最大缺点就是人类的大脑只能吸收很少的信息，而人所能吸收和消化的信息量与计算机所能够吸收和消化的信息量是不可相比的。图2.4.12显示，在读取和存储数据库中的信息时，计算机要远超过世间最聪明的人。就这种能力来看，即使是爱因斯坦，与现代计算机相比也不过是一个笨蛋。这根本不具有可比性。

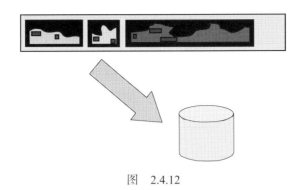

图   2.4.12

2.5   重复型非结构化数据的语境化

对于所有非结构化数据而言，在用于分析之前都需要进行语境化。在这一点上，重复型非结构化数据与非重复型非结构化数据都是一样的。但是，重复型非结构化数据和非重复型非结构化数据之间还是存在巨大区别的。这种区别就在于，重复型结构化数据的语境化是简单而直接的，而非重复型非结构化数据的语境化却并不是一件简单的事情。

2.5.1   解析重复型非结构化数据

对于重复型非结构化数据来说，数据的读取通常采用Hadoop。在读取了数据块之后对数据进行解析。由于数据本质上是重复型的，其解析过程非常简单。同时，重复型非结构化数据的记录较小且其语境很容易找到。在大数据环境中，解析数据并且将其语境化的过程可以通过商用程序或定制的程序来完成。

当进行解析时，输出数据可以存放于多种格式中的任一种。格式之一是以选定记录的形式存放输出数据。如果数据在解析过程中遇到了选择准则，那么每次用一条记录收集数据。当仅仅选定语境而不是整个记录时，记录选择过程就出现了一种变体。当选定一条记录后将其与另一条记录合并输出，那么就出现了另一种变体。毫无疑问，在此还会有多种变体，不仅仅是这几种。图2.5.1展示了已经探讨过的几种可能性。

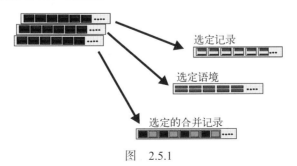

图   2.5.1

2.5.2 重组输出数据

当解析和选择过程完成之后，下一步就是从物理形态上重组数据。决定如何从物理上重组输出数据的因素有很多。一个要考虑的因素就是到底有多少输出数据，而另一个要考虑的因素是要用这些数据来干什么。毫无疑问，还有很多其他方面的因素需要考虑。

重组输出数据的过程还要考虑其他一些可能性，包括将输出数据回写到大数据环境中。另一种可能性是将输出数据回写到某一索引，还有一种可能性是将输出数据传送给某个标准数据库管理系统。图2.5.2展示了重组输出的各种可能性。

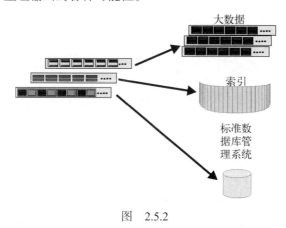

图   2.5.2

这样一来，在最后的分析中，即使必须进行重复型非结构化数据的语境化，其过程也将是非常简单的。

2.6 文本消歧

非重复型非结构化数据的语境化过程可以通过一种名为文本消歧（也可以称作文本ETL）的技术来实现。文本消歧的过程与一种名为ETL的结构化处理过程非常相似；ETL代表抽取（extract）、转换（transform）和装载（load）。ETL过程与文本ETL之间的区别在于，经典的ETL是一种转换老旧遗留系统中数据的过程，而现在的文本ETL则是转换文本的过程。从很高的层次上来看，这两种方式是相似的，但是从实际的处理细节上来看，它们又是极为不同的。

2.6.1 从叙事到分析数据库

文本消歧的目的是读取原始文本（叙事），并且将这样的文本转换装载到一个分析数据库中。图2.6.1展现出文本消歧过程中的一般数据流程。

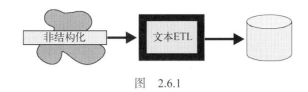

图 2.6.1

当对原始文本进行转换后，这些文本就会以某种规范化的形式进入分析数据库，而该分析数据库和其他分析数据库并无不同。一般来说，供分析使用的数据是"规范化"的，其独立的数据元素都有唯一的键。这样的分析数据库可以与其他分析数据库联合使用，进而可以实现在同一查询中同时分析结构化数据和非结构化数据的效果。

分析数据库中的每个元素都可以直接连接到最初的源文档。当对文本消歧处理的准确性有疑问时，这种功能就很必要了。此外，如果对分析数据库中数据的语境有所质疑，采用这种方法也可以方便而快捷地进行验证。要注意的是，在此过程中并不会对最初的源文档进行处理或更改。图2.6.2展示了分析数据库中的每个数据元素都可以连接到最初的源文档。

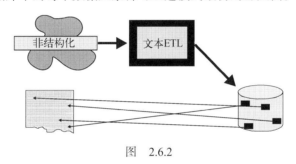

图 2.6.2

2.6.2 文本消歧的输入

文本消歧的输入可以来自多个不同的地方。最常见的输入来源是描述待消歧处理文档的电子文本。另一种重要的数据来源就是分类法（taxonomy）。分类法对消歧过程至关重要，会在2.7节详细介绍。此外，还有很多其他类型的基于待消歧文档的参数也可作为输入。

图2.6.3给出了文本消歧过程的一些典型输入。

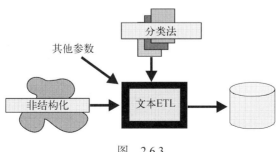

图 2.6.3

2.6.3   映射

要执行文本消歧，就需要将一个文档正确映射到一些在文本消歧过程中指定的参数上。这样的映射可以指导文本消歧过程，并说明如何解释该文档。映射过程与设计系统应如何运行的过程很相似。而且，每个文档都有其自己的映射过程。

当指定映射参数并完成映射过程之后，就可以对文档执行操作了。同一类型的所有文档都可以采用同样的映射。例如，可以为油气合同建立一个映射，为人力资源履历管理建立另一个映射，再为呼叫中心分析建立另一个映射，等等。图2.6.4展现了映射过程。

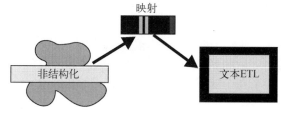

图　2.6.4

在几乎所有情形下，映射过程都是以迭代方式进行的。首先为一个文档创建第一条映射，然后再对少量文档进行映射处理，并由分析师查看映射结果。尽管此时文本消歧已经有了新的映射规范，但是分析师仍然决定要进行一些更改，并重新运行文档。该过程不断进行，逐渐对映射进行求精，直到分析师满意为止。

采用迭代方法来创建映射是因为文档的复杂有目共睹，并不能马上发现其中的很多细微之处。即使对富有经验的分析师而言，映射的创建也是一个迭代过程。

由于映射创建过程本质上是迭代的，那种在创建了一条映射之后就使用最初的映射来处理成千上万文档的做法是没有意义的。但是这样一种实践方法（应指迭代方式）并不经济，因为几乎可以保证最初的映射一定要进行求精。

图2.6.5显示了映射过程的迭代本质。

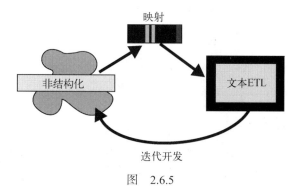

图　2.6.5

2.6.4 输入/输出

文本消歧的输入是电子文本，而电子文本有很多种形式。事实上，电子文档几乎随处可见。电子文档的形式可以采用适当的语言、俚语、速记、评论、数据库条目以及许多其他形式。文本消歧需要能够处理所有形式的电子文本。此外，电子文本也可以采用不同的语言。

文本消歧还可以处理非电子文本。这需要首先通过某种自动捕获机制对非电子文本进行处理，如光学字符识别（optical character recognition，OCR）处理。

文本消歧的输出可以采用多种形式。文本消歧的输出通常以平面文件格式创建。因此，这种输出可以发送给任何标准的数据库管理系统或者Hadoop。图2.6.6显示了文本消歧创建的各种输出类型。

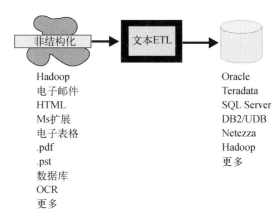

Hadoop
电子邮件
HTML
Ms扩展
电子表格
.pdf
.pst
数据库
OCR
更多

Oracle
Teradata
SQL Server
DB2/UDB
Netezza
Hadoop
更多

图 2.6.6

文本消歧的输出可以存放到工作表区域中，而工作表区域的数据可以通过DBMS的装载工具装载到标准DBMS当中。图2.6.7展现了从文本消歧过程创建并管理的工作表区域将数据装载到DBMS装载工具中的情形。

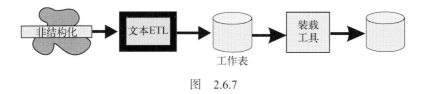

图 2.6.7

2.6.5 文档分片/指定值处理

文本消歧的实际处理过程有很多特点。然而，处理一个文档主要有两种途径，这就是所谓的文档分片（document fracturing）和指定值处理（named value processing）。

文档分片是指对文档一个单词接一个单词地进行处理，例如停用词处理、替代拼写和缩略语消解、同形异义词消解等。文档分片的效果在于，在处理过程中文档仍然保持可识别的形态，尽管这是一种修正后的形态。但是实际上，文档呈现出的状态好像是被碎片化了。

第二种处理类型叫作指定值处理。当需要进行内联语境化处理时就需要采用指定值处理。有时，当文本为重复型时，就需要进行内联语境化处理，此时可以通过查找唯一的起始分隔符和结束分隔符来进行处理。

文本消歧还可以完成其他一些类型的处理，但是文档分片和指定值处理是两种基本的分析处理方法。图2.6.8揭示了文本消歧中的这两种基本处理形式。

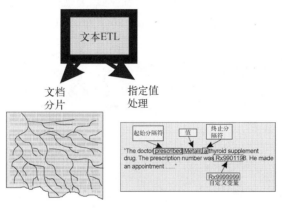

图   2.6.8

2.6.6　文档预处理

有时，当文本消歧无法以标准方式来处理文档中的文本时，就有必要对文档进行预处理。在这些情况下，有必要将文本传送给一个预处理程序。在预处理程序中，可以对文本进行编辑处理，将文本转换成可以用常规文本消歧方法进行处理的形式。

通常，人们并不希望进行文本预处理，除非迫不得已。人们不希望进行文本预处理的原因在于，当预处理文本时，处理文档所需的机器周期自然就会加倍。图2.6.9说明，如果必要，可以对电子文本进行预处理。

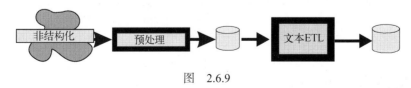

图   2.6.9

2.6.7　电子邮件——一个特例

电子邮件是非重复型非结构化数据的一个特例。电子邮件的特殊性在于每个人都有电子邮件，而且电子邮件的数量很大。电子邮件的特殊性还在于它携带了大量系统开销，但是这些开销仅针对系统而并无他用。此外，电子邮件中还携带了大量有关客户态度和行为的有价值信息。

直接对电子邮件进行文本消歧是可能的。但是由于电子邮件中存在垃圾邮件和废话邮件，这样做的成效并不大。垃圾邮件是在企业外部产生的非业务相关的信息，而废话邮件是内部通信所产生的非业务相关的信息。例如，废话邮件包括那些在整个企业流传的笑话等。为了高效应用文本消歧，需要将垃圾邮件、废话邮件和系统信息过滤出来，否则系统就会被毫无意义的信息所淹没。图2.6.10展示了在对邮件进行文本消歧之前，如何通过一个过滤器从邮件流中滤除不必要的信息。

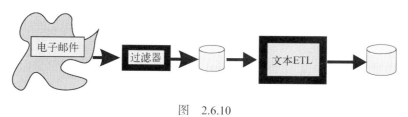

图   2.6.10

2.6.8 电子表格

另一个特例是电子表格。电子表格随处可见。有时电子表格中的信息是纯数值的，但是有时电子表格中也会存在一些基于字符的信息。通常，文本消歧并不处理电子表格中的数值信息，这是因为没有能够准确描述电子表格中数值的元数据。（注意，电子表格中的数值存在一些公式信息，但是这些电子表格中的公式几乎是没有价值的，无法作为元数据来描述数值的含义。）因此，电子表格中唯一可以进行文本ETL处理的就是基于字符的描述性数据。

为此，可以通过接口程序将电子表格中有用的数据格式化后装载到工作数据库中，再从工作数据库中将数据传送给文本消歧过程，如图2.6.11所示。

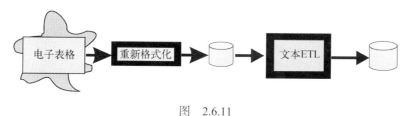

图   2.6.11

2.6.9 报表反编译

大多数文本信息都是以文档形式存在的。对于文档中的文本而言，文本消歧处理是按照线性方式进行的。图2.6.12展现了以线性方式运行的文本消歧。

单词1 单词2 单词3 单词4 单词5 单词6 单词7 单词8 ....
文本的线性处理

图　2.6.12

但是文档中的文本并不是非重复型非结构化数据的唯一形式。非重复型非结构化数据的另一种常见形式是表格。表格随处可见，诸如银行对账单、研究论文和企业发货单等文档中都带有表格。

有时，有必要将表格作为输入来读取，就像读取文档中的文本一样。为此，就需要一种特殊形式的文本消歧处理，这种文本消歧形式称作报表反编译（report decomposition）。

在报表反编译中，对报表内容的处理和对文本内容的处理极为不同。之所以报表的处理与文本有所不同，是因为报表中的信息无法以线性格式进行处理。如图2.6.13所示，报表的不同元素必须以规范化的格式集中到一起。问题就在于，那些元素肯定是以非线性格式出现的。因此，这就需要一种完全不同的文本消歧方式。

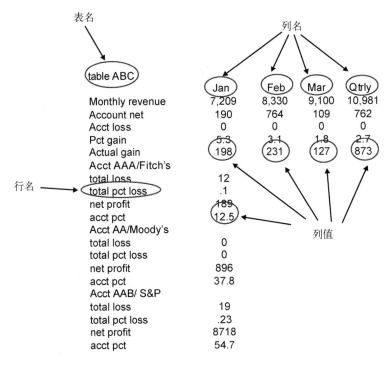

图　2.6.13

图2.6.14说明，可以将报表发送到报表反编译处理流程，将其约简为一种规范化的格式。报表反编译最后的结果与文本消歧最后的结果是完全一样的。但是就达到最终结果所采用的处理过程和逻辑而言，二者在内容和实质上都有所不同。

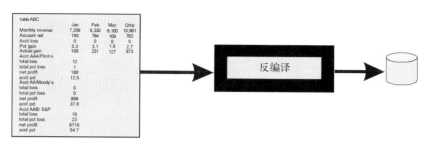

图 2.6.14

2.7 分类法

分类法（taxonomy）就是对信息的分类。分类法在叙述性信息的消歧中发挥了重要作用。图2.7.1说明，分类法对于非结构化数据的作用就好比数据模型对于结构化数据的作用。

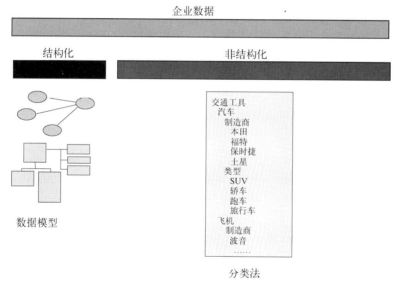

图 2.7.1

2.7.1 数据模型和分类法

传统上，数据模型被用作一种地图，即一种知识性的指南，便于人们理解和管理结构化环境中的数据。分类法在非结构化环境中担负着同样的作用。尽管二者并非完全等价，但是分类法所起到的作用与数据模型非常类似。

在此，必须解释一下非结构化数据领域的一种反常情况。本书设计的信息分类存在一种非常令人混淆的反常情况。遗憾的是，这种反常情况对于理解分类法的作用和功能却非常重要。

看看图2.7.2中所示的数据分类方法。该图显示出非结构化数据中还存在重复型非结构化数据和非重复型非结构化数据两个子分类。在非重复型数据下面还有更低一个层级的重复型数据和非重复型数据分类。采用这种分类模式，就会出现重复的非重复型数据。这样就很容易混淆，但是这并不是一种错误。

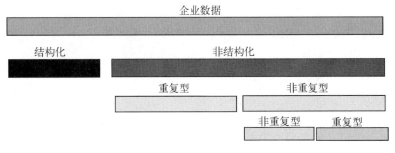

企业数据

结构化   非结构化

重复型   非重复型

非重复型   重复型

图   2.7.2

为了解释这种反常情况并且解释为什么它很重要，请看下面的实例。一般来说，可以认为非结构化数据可划分为重复型和非重复型两种。重复型非结构化数据是在内容和结构上都高度重复的非结构化数据。点击流数据、模拟数据和计量数据等都属于这种数据分类。所有书面数据则都属于另外一种数据类型，其中包括电子邮件、呼叫中心数据、合同，以及一大堆的书面叙述性数据。

现在，试想一下如何对叙述性数据分类中的数据做进一步细分。对所有书面性数据，可以划分为非重复型书面数据和重复型书面数据。例如，律师在撰写合同时会使用一种所谓的"样板文件"。样板合同是一种合同主体部分预先定好的合同。律师只需要为合同填写一些细节内容，例如姓名、地址和合同当事人的社会保障号码；可能还需要就某些条款进行协商。但是到了最后，样板合同都是非常相似的。这就是出现了一个重复的非重复型数据的例子。因为合同是以叙述性形式出现的，因此它是非重复型的；但这是一份样板合同，因此它又是重复型的。

我们之所以要将非重复的非重复型文本和非重复的重复型文本区分开来，就是因为要将分类法应用于非重复的非重复型文本。在此还需要举一些例子。

2.7.2 分类法的适用性

分类法最适用于文本，例如电子邮件、呼叫中心信息、对话和其他自由形式的叙述性文本等。分类法不太适用于样板合同和其他存在重复型叙述性文本的场合。但愿这些例子能够让前面的讨论更加清晰。

2.7.3 分类法是什么

那么分类法究竟是什么呢？分类法最简单的一种形式就是一个词汇的关联列表。图2.7.3给出了一些简单的分类法。该图说明，一辆汽车可能是本田、保时捷、大众等汽车品牌的，而德国生产的产品可以是香肠、啤酒、保时捷汽车、软件等。

```
汽车
  本田
  保时捷              德国产品
  大众                 香肠
  法拉利               啤酒
  福特                 保时捷
  丰田                 软件
  起亚                 大众
  斯巴鲁               滑雪板
  尤格①               衣服
                      钢铁
                      ……
```

图 2.7.3

当然，还有其他一些方式可以对这些项进行分类。一辆汽车可能是一辆轿车、一辆SUV、一辆跑车等。美国生产的产品也可以是汉堡包、软件、电影、玉米、小麦等。

实际上，分类法的数目可以是无限的。应用于非重复型非结构化数据的分类法要依据其适用性。例如，汽车制造商会使用与工程和制造相关的分类法，会计师事务所会选用适用于税务和会计业务规则的分类法，而零售商则会选用与产品和销售相关的分类法。相反，很少见到一个工程技术公司选用与宗教或法律制定相关的分类法。

与分类法相关的还有本体（ontology）。图2.7.4展示了一个本体。一个本体可简单定义为一个分类法，且在这个分类法中的元素存在着相互关联的关系。通常，当为非重复型非结构化数据的文本消歧创建基础环境时，既可以使用分类法也可以使用本体（或者二者都采用）。

图 2.7.4

---

① 前南斯拉夫汽车品牌。——译者注

2.7.4   多语言分类法

与分类法有关的问题之一是，分类法能够以多种语言的形式存在。图2.7.5说明分类法可以使用多种语言表示。

汽车	英语
本田	西班牙语
保时捷	荷兰语
大众汽车	德语
法拉利	法语
福特	俄语
丰田	葡萄牙语
起亚	普通话
斯巴鲁	粤语
尤格	汉字
	意大利语
	……

图   2.7.5

另一个相关的问题是，究竟采用商用分类法还是使用个人创建的分类法。采用商用分类法的主要优点之一是商用的分类法可以很容易自动转换为各种不同语言。商用分类法的功能之一就是可以采用多种语言创建。当采用商用分类法时，可以使用一种语言阅读文档，再使用另一种不同的语言创建与之相关联的分析数据库。

但是使用商用分类法最大的优点在于：商用分类法在创建过程中并不需要巨大的投入。如果一个组织决定手工创建自己的分类法，那么该组织就将面临一场灾难，因为它无法估计创建和维护分类法实际所需的工作量到底有多大。

2.7.5   分类法与文本消歧的动态

图2.7.6中的简单例子说明了分类法与文本消歧的交互动态，该图展示的是一份原始文本。该原始文本采用了一个针对汽车的分类法和另一个针对道路的分类法。输出显示文本中遇到了单词"保时捷"，可以识别出它是汽车分类法中的一部分。之后在输出中，单词"保时捷"就变成了"保时捷/汽车"的表达。对"大众"和"本田"也有同样的处理过程。

原始文本：
"她驾驶着她的保时捷超过了高速公路上的一辆大众。很快，它们都超过了在右手边行驶的一辆本田。"

处理文本：
"她驾驶着她的保时捷/汽车超过了高速公路/道路上的一辆大众/汽车。很快，它们都超过了在右手边行驶的一辆本田/汽车。"

图   2.7.6

在采用面向道路的分类法时，显然可以看到"高速公路"是一种形式的"道路"。这样，输出中就将"公路"改写为"公路/道路"。

图示的这个例子非常简单，但是可以揭示出在文本消歧过程中，如何采用分类法与原始文本交互。实际上，真实分类法的使用通常要比这个简单的例子要巧妙和复杂得多。

请注意，对于这样的输出，分析师现在可以创建一个关于"汽车"的查询，并且对任何类型的汽车都能够查找到所有提到它的地方。还要注意，术语"汽车"在原始文本中并未出现。

在对非重复型非结构化数据进行消歧时，具备从外部对数据进行分类的能力是非常有用的。

2.7.6 分类法和文本消歧——不同的技术

分类法（即对分类法的收集、分类和维护过程）需要其自身的关注和处理。通常，对文本消歧这样的技术而言，在外部创建和管理分类法是非常有意义的。图2.7.7展现了这样一种关系。

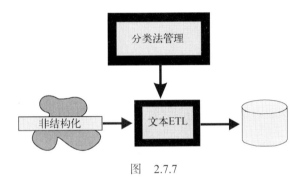

图　2.7.7

从逻辑上将创建和管理分类法的工作与文本消歧区分开是存在诸多原因的。主要原因在于，即使抛开创建和管理分类法所带来的复杂性不谈，文本消歧过程本身就已经非常复杂了。

另一种解释这两个过程之间区别的方式是观察分类法在不同技术中的表现形式。在分类法管理领域中，分类法需要一种可靠而复杂的表示方法；但是在文本消歧领域中，分类法则需要以一系列单词对的形式来表示。

图2.7.8给出了这两种技术的明显区别。

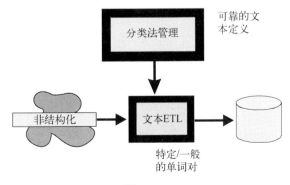

图　2.7.8

2.7.7　分类法的不同类型

关于分类法的另一个有趣之处是，分类法本身也可以以多种方式进行分类。换言之，可以采用很多不同方式来创建构成分类法的列表。有些分类法是由同义词组成的；有些分类法直接将单词集中到一起，形成一个列表；还有些分类法是由多种类别的单词所组成的；等等。图2.7.9展示了多种不同类型的分类法。

分类法：

同义词

列表

类别

首选

等等

图　2.7.9

2.7.8　分类法——随时间推移不断维护

对分类的最后一种观点是，随着时间的推移，需要对分类法进行维护。之所以需要对分类法进行维护，是因为语言是不断变化的。例如，在2000年，如果你提到"博客"这个概念时，没有人会知道你说的是什么；但是到了十年之后，"博客"这个词已经是一个常用术语了。

随着时间的推移，语言和术语都会发生变化。而且，当语言和术语发生变化之后，跟随着这些变化的分类法也必须进行更新。图2.7.10说明，随着时间推移，分类法需要进行周期性的维护。

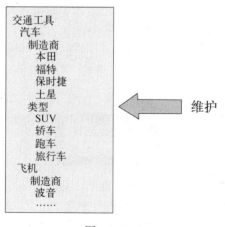

图　2.7.10

第3章　数据仓库

3.1　数据仓库简史

数据库最初的理念是采用单一数据源来支持所有用途。数据库这一概念是从管理主文件的磁带文件系统发展而来的。

3.1.1　早期的应用程序

磁盘存储器很快取代了磁带文件，并且成为主流的存储介质。磁盘存储器出现之后，数据可以被直接访问，因而各种应用程序也随之成长。图3.1.1描绘了早期出现的应用软件，而这时已经开始使用磁盘存储器。

图　3.1.1

随着磁盘存储器的使用，出现了DBMS这种技术。很快，在线系统也出现了。

3.1.2　在线应用程序

有了在线系统之后，再将计算机集成到商业场所中就成为可能，而这在以前是不可能实现的。很快，就出现了银行出纳系统、机票预定系统、生产控制系统等。计算机在在线系统中的使用预示着计算机时代的伟大黎明已经到来，如图3.1.2所示。

随着计算机系统的不断增加，人们开始关注系统中的两个基本组成部分：处理和数据。与此同时就出现了一个问题：需要将单一系统中的数据用于多种用途。跨多个系统共享数据是有一些基本原因的。在系统建立时所定义的需求非常狭隘，这是因为用于塑造系统的需求几乎完全集中在系统的直接用户身上，甚至来自那些需要操作系统的办公人员的帮助。当系统建立并开始运行之后，才发现还有其他人员也需要查看和使用系统中的数据。会计人员需要查看数据，市场营销人员需要查看数据，销售和金融方面的人员也需要查看早期系统中的数据。问题就在于，在创建系统的时候并未考虑来自这些群体的需求。

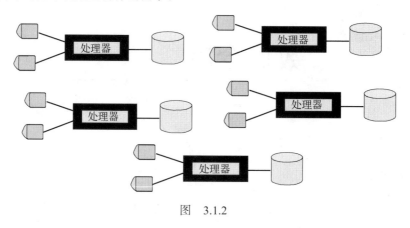

图　3.1.2

3.1.3　抽取程序

因此，简单的抽取（extract）程序出现了。抽取程序是一个简单程序，能够读取一个系统收集的数据并将其迁移到另一个系统中。图3.1.3展示了貌似简单的抽取程序的出现。

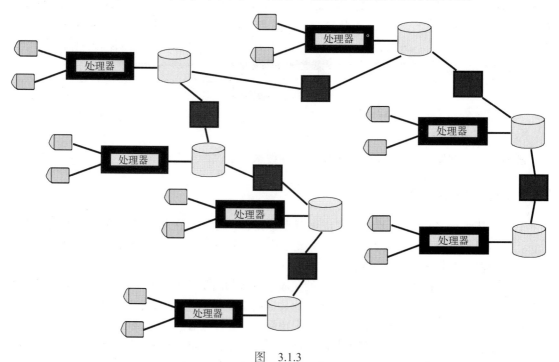

图　3.1.3

　　不久，抽取程序就开始用于满足组织的各种需求。但是很快，最终用户就发现，他们并不能马上获得所需的一些信息。因而最终用户社区表达了他们的态度："数据就应该存在于触手可及的地方。"

3.1.4　4GL 技术

　　在这样的竞争中，一种名为第四代编程语言（fourth-generation programming language，4GL）的技术应运而生，如图3.1.4所示。有了4GL技术之后，最终用户就能够获取数据并且做自己所需的处理。4GL技术为实现将数据从信息技术部门的控制之下解放出来迈出了第一步，使最终用户群体感到他们能够控制自己的命运了。

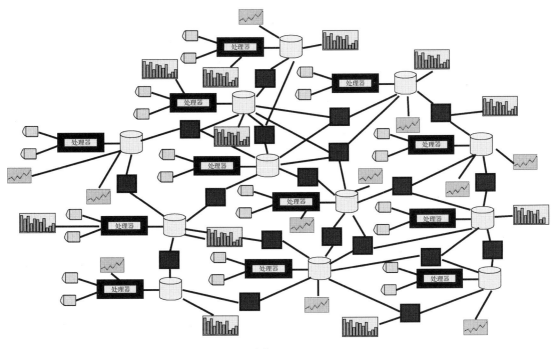

图　3.1.4

3.1.5　个人电脑

　　4GL开始流行后不久，个人电脑也随之诞生了。有了个人电脑之后，最终用户具有了更大的自主性，甚至更多地摆脱了IT部门的束缚，如图3.1.5所示。

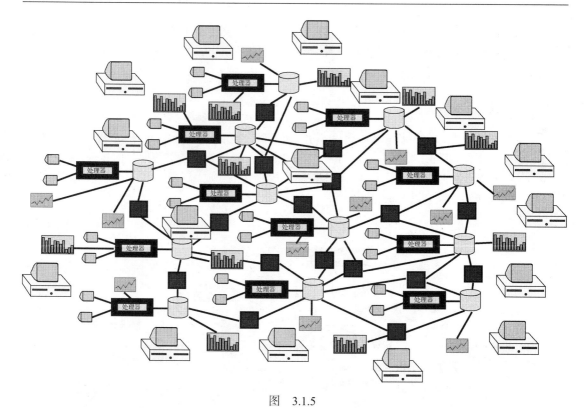

图   3.1.5

3.1.6   电子表格

图3.1.6说明了电子表格的出现,这使个人电脑用户具有了更多的自主性。最终用户和IT部门之间的另一根纽带也被剪断了。

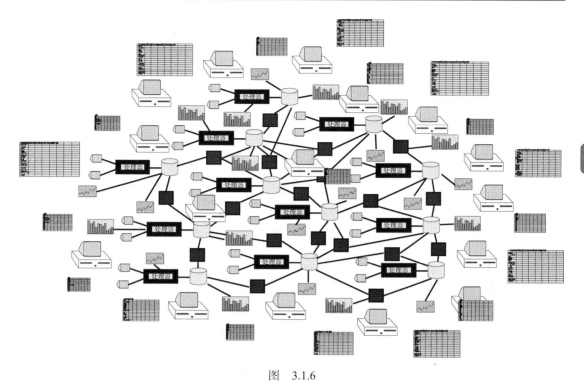

图 3.1.6

3.1.7 数据完整性

尽管如此，最终用户仍然高兴不起来。在不断发展的过程中，人们开始注意到，在这样创建的环境中数据是没有完整性可言的。出于对数据的渴求，最终用户并没有关注过如何查找、访问和获取正确的数据。相反，最终用户对于任何数据都伸手可得的现状感到满意。最终的结果就是，没有人拥有可信的数据；同一个数据要素存在于组织的很多地方，没有人能够对数据的真正价值有最起码的了解，这种状况如图3.1.7所示。

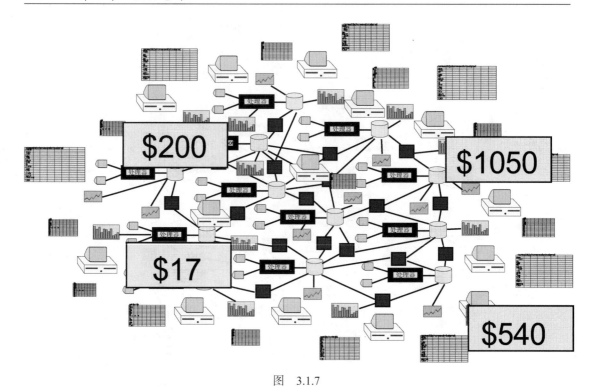

图   3.1.7

3.1.8   蛛网系统

上述状况演化出来的架构有好几个名称，其中一个是蛛网系统（spider-web system）。在观察这种系统的总体结构时，很容易理解为什么要将其称为蛛网系统。图3.1.8展现了一个真实蛛网环境的示意图。

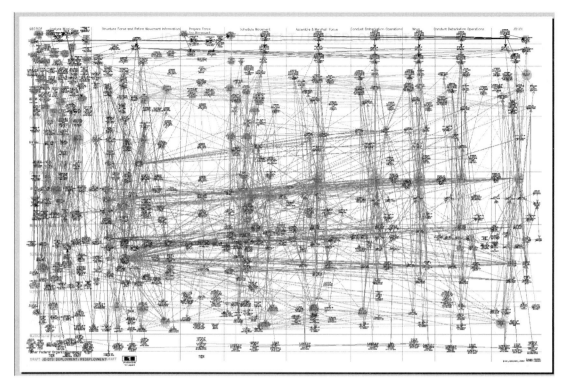

图3.1.8 一个真实的蛛网环境

这种架构的另一种叫法是竖井式系统（silo system）环境。竖井式系统环境来源于这样的事实：在整个架构中，数据完全存在于某个应用程序所限定的"竖井"中，而在竖井式系统环境的外部则完全没有信息的集成。

3.1.9 维护积压

蛛网系统环境中最大且最容易理解的问题之一就是维护积压问题。经过多年以后，随着系统数量的增长，维护积压问题也随之增长。维护积压其实是为系统需求中的变更而作出的请求。这一问题并不是说没有很好地满足需求，它本身就是一类全新的信息请求。最终，这样的信息请求完全压制了组织和最终用户脱离IT部门并将命运掌握在自己手中的梦想，使他们无法掌控企业信息的命运。

与此同时，下面这样一种观念开始形成：获取所有数据进行研究和获取正确的数据进行研究之间是存在差别的。人们所观察到的另一种情形也越发明显：将更多的技术和经费用于解决蛛网环境问题其实是一种浪费，而且是一种火上浇油的做法。因此，如果不对架构本身进行变更，那么就无法解决蛛网环境所面临的问题。

3.1.10   数据仓库

当发展到这样一种环境之时, 数据仓库的概念应运而生。数据仓库的理念预示着应该出现一种不同类型的数据库了。也就是说, 既应该有一种面向作业系统 (operational system) 的数据库, 也应该有另一种面向决策支持系统 (decision support system, DSS) 的数据库。

对于当时的数据库理论家来说, 这种应该有两种数据库并存的观念被视为异端邪说。数据库理论家仍然坚持认为应该只有一种面向各种用途的数据库。数据仓库的出现和流行彻底震撼了那些学院派的数据库理论家们。

数据库是一个面向主题的、集成的、非易失且时变的数据集, 用于支持管理决策。数据仓库的概念改变了其中对时间的定义 (即非时变的), 而这样更改后的定义已被接受为数据仓库的定义。

数据仓库的另一个术语是 "事实的唯一版本"。数据仓库为可信的企业数据奠定了基础。数据仓库所表现的是整个企业的数据, 而并不是应用程序的数据。

3.1.11   走向架构式环境

图3.1.9展现了从蛛网系统迁移到一种架构式环境的历程, 而该架构式环境中包含了作业数据库和数据仓库。

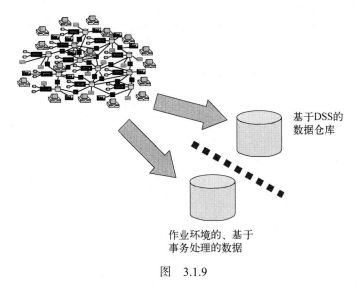

基于DSS的
数据仓库

作业环境的、基于
事务处理的数据

图   3.1.9

从蛛网系统到数据仓库技术的演进是一段有趣而重要的历程, 而这还仅仅是演进过程的开始。

3.1.12   走向企业信息工厂

很快人们就发现, 绝不能仅仅将数据仓库视为一个存储和检索数据的地方。实际上, 数据仓库需要一整套的基础设施。这其中包括ETL（抽取/转换/加载）技术和作业系统；包括数据集市，它的结构围绕着Ralph Kimball所倡导的维度技术；还包括作业数据存储（operational data store，ODS），它是整个架构的关键组成部分之一。

很快，数据仓库演化成为企业信息工厂（corporate information factory，CIF）。对很多组织来说，CIF变成了其信息架构的定义。但是数据仓库技术的演进并没有就此停止。过了一段时期之后，人们发现还有一种架构超越了CIF。到了演化的下一阶段，以数据仓库为中心的信息架构演进到了DW 2.0架构。

3.1.13 DW 2.0

到了DW 2.0，人们开始认识到数据仓库环境的一些重要方面，其中之一就是数据仓库环境中数据的生命周期。一个简单的事实就是，数据一旦进入数据仓库，就开始随着时间的推移展开自己的生命周期。

DW 2.0的另一个重点在于：非结构化数据也是数据仓库领域中非常重要和关键的一个方面。在DW 2.0之前，数据仓库中唯一的数据就是结构化的作业信息。但是到了DW 2.0，人们认识到数据仓库中也可以有非结构化数据。

DW 2.0还揭示了元数据是基础设施不可或缺的一个组成部分。DW 2.0还认为企业元数据与本地元数据同样重要。最后，大约在研究探讨DW 2.0的同时，人们也认识到Data Vault所带来的进步能够很大程度地提升数据仓库的设计。

也许DW 2.0的最大进步就在于，它让人们认识到很有必要采用另一种形式的大型存储体。DW 2.0涉及近线存储；而事实上，近线存储正是大数据的前身。

图3.1.10展现了围绕着数据仓库的信息架构的演进过程。

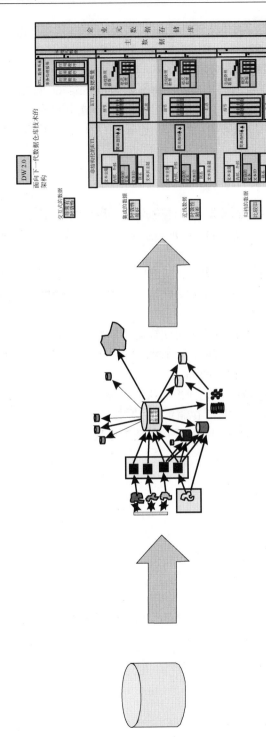

图 3.1.10

3.2　集成的企业数据

最初，人们关注的是应用程序。在创建应用程序时，人们关注的焦点在于自动化，也就是应用程序的创建。在完成应用程序的创建之后，如果应用程序可以存储数据并且生成报表，那么应用程序的开发就可以视为大功告成了。一个应用程序很快又会带来另一个应用程序。要不了多久，企业里就开始到处都是应用程序了，如图3.2.1所示。

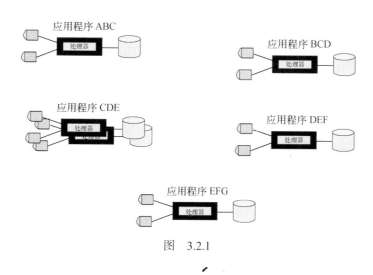

图　3.2.1

3.2.1　数量众多的应用程序

在创建任何一个应用程序的时候，人们都很少甚至根本不会关注其他已经建好的应用程序。每一个应用程序都有其自身的需求以及针对其自身特点的独特解决方案。各应用程序之间没有任何的数据统一性。每一个应用程序的设计者都只是致力于完成自己的工作，如图3.2.2所示。

尤其在以下这些方面很不统一。
- 相同数据的命名约定
- 相同数据的物理属性
- 相同数据的属性的物理结构
- 相同数据的值的编码方式

人们不断地开发各种不同而独特的应用程序，而应用程序成功的标志就在于能够存储数据以及生成报表。

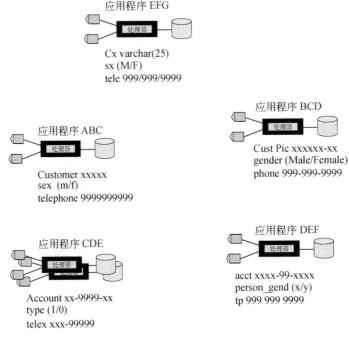

图   3.2.2

3.2.2   放眼企业

之后有一天发生了一些有趣的事情。有人在放眼整个企业之后问:"对于企业而言,我们到底有什么样的数据价值?"分析师不会仅盯着某个应用程序,而是希望能够查看整个企业的所有数据。也许分析师想要查看整个企业的客户或者收益情况;也许分析师想要评测整个企业的生产活动。

一旦是以"对于企业而言……"这样的形式提出问题,难题也就随之而来。分析师可以很容易回答那些以"对于应用程序而言……"的形式提出的问题。但是当需要查看整个企业的数据时,就会出现难题,因为对整个企业的数据并没有形成共识。

图3.2.3展现了分析师在拼命地查看整个企业的数据。这样拼命的分析师会面临几种糟糕的选择。分析师可以从各个应用程序中有选择性地选取一些数据,然后寄希望于自己选取了恰当的数据;分析师也可以卷起自己的袖子,深入挖掘,努力实现数据的综合集成。

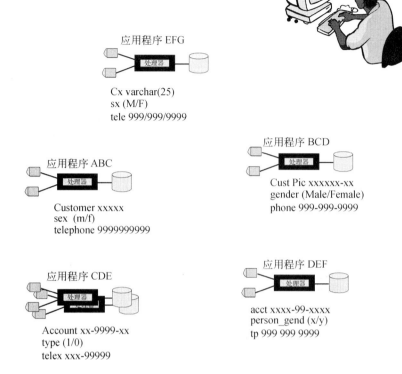

图　3.2.3

不管采用哪种方式，要想对来自各个应用程序基础环境的数据形成共识都是一件非常困难的事情（正如分析师所感受到的那样）。

3.2.3　多个分析师

在分析师查看整个企业数据的过程中，难题还在不断出现。当多个分析师都要查看整个企业的数据时，问题变得更加严重了。当多个分析师都试图查看整个企业的数据时，就会产生以下这些问题。

- ❏ 两个分析师并不会以同样的方式选取同样的数据。当两个分析师对比结果的时候，就会发生争执。每个分析师都确信自己的数据是正确的。
- ❏ 分析师很可能希望在某一天重建报表。问题就在于这位分析师会想不起第一份报表究竟是怎么创建的。因此，尽管这位分析师可以重建报表，但是也是以一种不同的方式进行创建的。
- ❏ 管理部门会对不同分析师提交的相互矛盾的报表感到无所适从。管理部门会让分析师们把数据调整一致，但是问题就在于分析师们也无法把自己的数据调整为一致状态。

- 每当管理部门想做一次新的分析，总有某处的分析师必须从零开始。
- 当一位分析师经历过千辛万苦完成对应用程序数据的综合集成时，没有人能够重用他已经完成的工作。综合集成的工作不具备可重用性。

图3.2.4展示了当多个分析师试图在基于应用程序数据进行操作时会出现的问题。

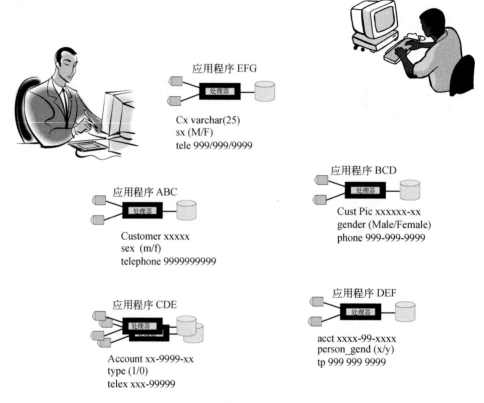

应用程序 EFG

Cx varchar(25)
sx (M/F)
tele 999/999/9999

应用程序 BCD

Cust Pic xxxxxx-xx
gender (Male/Female)
phone 999-999-9999

应用程序 ABC

Customer xxxxx
sex (m/f)
telephone 9999999999

应用程序 CDE

Account xx-9999-xx
type (1/0)
telex xxx-99999

应用程序 DEF

acct xxxx-99-xxxx
person_gend (x/y)
tp 999 999 9999

图　3.2.4

当试图基于应用程序数据进行企业分析时，问题在于企业不得不在某个时刻放弃，并且最终开始正视难题。（遇到这种问题的）组织意识到不能把这一问题作为一个分析问题来看待，这其中其实包含一个集成问题。

3.2.4　ETL 技术

也正是此时，（上述）这样的组织开始决定建立一种集成式企业数据存储。集成式企业数据存储的另一个名称就是数据仓库。这就意味着这样的组织要通过ETL（代表抽取/转换/装载）技术来创建数据仓库了。借助ETL技术，可以将很多不同形式的应用程序数据集成为单一形式的数据。单一形式的数据就变成了"集成的企业数据"。转换的最终结果就是使企业的可用数据有了统一的定义。数据转换包括以下几种。

- □ 标准化命名约定
- □ 标准化数据的物理属性
- □ 标准化数据的编码值
- □ 标准化数据的计算
- □ 标准化数据的分类

图3.2.5展现了创建集成式企业数据存储环境之后所产生的影响。

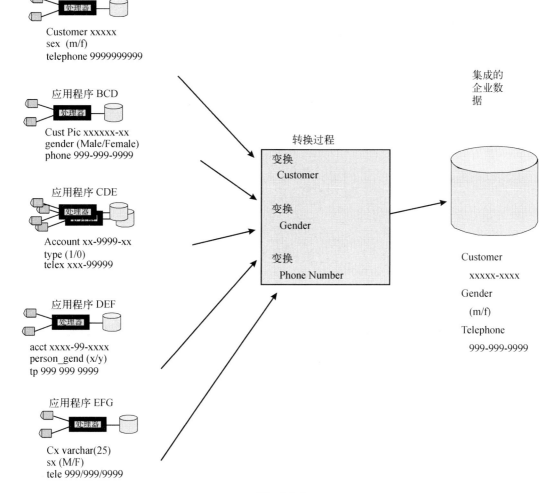

图 3.2.5

3.2.5　集成的挑战

毫无疑问，对老旧的遗留数据进行标准化的过程是一件复杂而枯燥的工作。这项工作之所以特别困难是因为以下几个原因。

- 很多老旧系统从未严格进行过文档资料的编制。
- 很多老旧系统都有结构极为不同的数据。
- 很多老旧系统的数据在设计之时就根本没有考虑与其他数据的集成。
- 很多老旧系统采用了多种多样的老旧技术。
- 有些老旧系统拥有很大的数据量。
- 很多老旧系统的数据是以不可靠的机制存储的。

尽管在将应用程序数据集成到企业集成数据环境的过程中会面临很多挑战，但好消息是：目前有一些能够自动实现企业数据集成过程的技术。图3.2.6展示了ETL技术。

抽取\
转换\
装载

图　3.2.6

ETL技术设计用于读取早期遗留数据并将其作为后续处理环节的输入。ETL处理在理念上与文本消歧相类似，但是二者之间的差别就在于：ETL设计采用遗留数据作为输入进行操作，而文本消歧设计采用原始文本作为输入进行操作。从概念层面的高度来看，文本消歧和ETL过程看起来很相似；但是以运行机制作为立足点来看，文本消歧和ETL又极为不同。

ETL值得注意的一个方面是它所具有的多样性功能。ETL的任何一个活动都并不十分困难。但是如果将ETL的所有功能都放在一起来看，那么ETL又是非常困难的一个过程。

3.2.6　数据仓库的效益

一旦组织已经投资于创建集成的企业数据，就会从中收益良多（参见图3.2.7）。拥有数据仓库的好处有很多，其中包括以下几个。

集成的企
业数据

Customer
  xxxxx-xxxx
Gender
  (m/f)
Telephone
  999-999-9999

图　3.2.7

❑ 分析师能够很快获取数据。数据已经存在于数据仓库之中静待分析。而且在开始分析之前无需再做集成工作。

❑ 对于所有分析师而言，数据的集成都是一致的。不会出现一个分析师这样来集成数据，而另一个分析师那样来集成数据的情况。

❑ 数据协调（data reconciliation）具有了现实的可行性。如果两个分析师得到的结果出现了差异，进行数据协调工作也只是一个简单问题。

❑ 如果需要建立全新的分析，数据仓库能够为之提供数据基础。

❑ 如果有必要进行合规性检查或者审计，会有可信的数据基础来支持分析。

3.2.7　粒度的视角

除了数据仓库，还有另一种研究企业集成数据的方法。这一种视角就是：数据仓库就像一桶满满的沙粒，可以采用多种方式重塑这些沙粒的形态。

试想一下硅。硅和很多沙粒（本质上）是一样的，但是硅可以被重塑成多种不同的形态。硅可以用于生产计算机芯片、苏打水瓶、人造肢体部件、儿童玩具、珠宝，以及其他许多产品。数据仓库中的数据和硅颗粒的情形大体相当。图3.2.8展现了这种相似性。

企业数据

Customer
xxxxx-xxxx
Gender
(m/f)
Telephone
999-999-9999

最低粒
度层次

图　3.2.8

一旦组织创建了自己的数据仓库，就可以将其用于多种用途。图3.2.9展现了数据仓库中的"沙粒"。

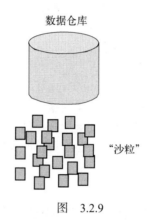

数据仓库

"沙粒"

图　3.2.9

在数据仓库中有很多对数据颗粒的使用方法，最有用的是将这些"硅"颗粒重新转化为不同的形式。市场营销部门的人员可以用一种方式查看数据，财务部门的人员可以用另一种方式查看同一数据，金融部门的人员又可以用另一种不同的方式查看同一数据。如果需要，这种单一的数据基础还可以用于分析结果的调整。图3.2.10显示出数据仓库中数据颗粒的多功能性。

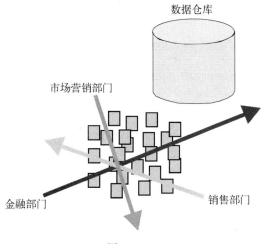

图　3.2.10

　　并不是每个组织都会关心合规性问题，但是在涉及巴塞尔新资本协议、萨班斯-奥克斯利法案、健康保险流通与责任法案等的领域中，大多数大型组织都对合规性有一定需求。当存在合规性需求的时候，数据仓库就成为一种非常理想的基础设施了，如图3.2.11所示。

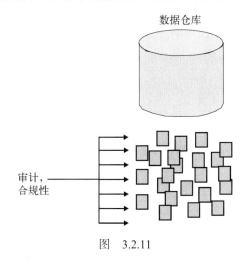

图　3.2.11

3.3　历史数据

　　随着时间的推移，数据的保存总会成为难题。出于各种原因，历史数据记录的保存也会有难题出现。图3.3.1说明，历史数据的存储经常会成为一种挑战。

图   3.3.1

　　存储历史数据面临的第一个挑战就是存储成本问题。在计算机技术发展的早期阶段，存储器的成本是非常重要的一个因素。但是在早期阶段，好消息就是确实没有那么多的历史数据。

　　图3.3.2说明，在计算机技术的早期阶段，由于存储器成本的限制，存储大量历史性数据很成问题。但是随着存储器成本的快速下降和存储容量的不断增长，从某种程度上来说，保存一定量的历史数据不再是太大的问题了。

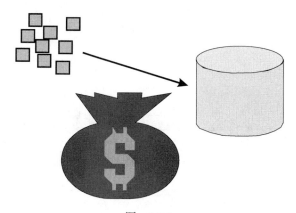

图   3.3.2

　　不过几乎在磁盘存储器和数据库管理系统出现的同时，开始有了在线实时处理。在线实时处理技术出现之后，事务处理的性能问题随之而来。在在线事务处理出现之前，事务处理的性能几乎不存在问题。但是随着高性能事务处理技术的出现，系统中所保存的历史数据量开始成为一个现实问题。

　　系统调度人员发现，他们保留的历史数据越少，在线事务处理的速度就会变得越快。因此，在面对在线事务处理系统时，人们开始希望仅在系统中保存最少量的历史数据，如图3.3.3所示。

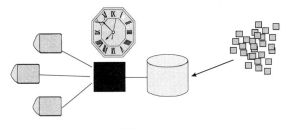

图　3.3.3

当在线事务处理系统出现了一段时间后，人们发现需要对企业数据进行集成。有了这种认识之后，数据仓库随之出现。

有了数据仓库之后，历史数据第一次有了专用的存储空间。存储器已经足够廉价，而且不需要适应高性能事务处理。这样，历史数据就在这些组织的信息系统中有了一席之地，如图3.3.4所示。

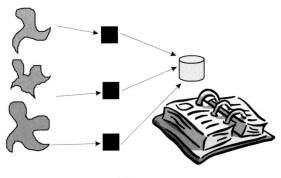

图　3.3.4

但是，关于历史数据为什么很适合采用数据仓库技术来管理还有另一个有趣的原因。对数据（尤其是对客户数据）进行深度分析处理开始变得很流行。而且，人们发现历史数据非常适合用于分析客户喜欢和不喜欢的产品。客户都是具有一定习惯的人群。一个客户在早期形成的风格会伴随他很长一段时间。因此在了解客户之时，拥有历史数据就变得非常有用了。但是演进过程尚未就此停止，最终发展到了大数据时代。图3.3.5展现了处理和存储技术发展的脉络，及其与大数据的关系。现在，历史数据的存储已经非常便捷了。

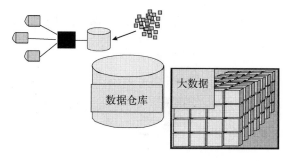

图   3.3.5

3.4   数据集市

数据仓库的精髓就在于颗粒化的数据。数据仓库中颗粒化的数据为商业智能和许多其他形式
的分析奠定了基础。

3.4.1   颗粒化的数据

图3.4.1指出，颗粒化的数据正是数据仓库的核心所在。从数据库设计的视角来看，作为数据
仓库核心的颗粒化数据最好采用关系型数据库设计。对于数据仓库而言，当围绕模型的模型具有
下述特点时，采用关系模型非常理想。

❑ 无冗余
❑ 围绕着企业主要的主题域进行组织
❑ 采用一种可识别多种业务关系的方式进行组织

此外，在面向数据仓库的关系模型中并没有汇总数据或合计数据。

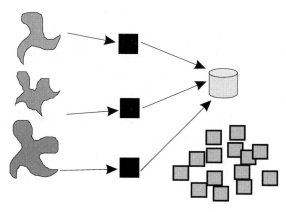

图   3.4.1

3.4.2 关系数据库设计

当采用关系数据模型来设计颗粒化的数据时，就是准备将数据仓库服务于多个数据视角，如图3.4.2所示。

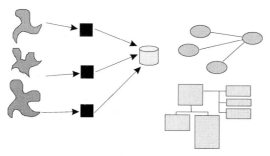

图 3.4.2

从实用角度来看，数据仓库中的颗粒化数据有多种用途。不过很多用户都希望对数据进行汇总或者说合计，以便完成其分析。为了支持不同用户的需求，当采用数据仓库作为数据基础时，终端用户可以更方便地以较低粒度的方式来查看自己的数据。此外，不同的用户有着不同的视角。市场营销部门希望以某种方式来查看自己的数据，而财务部门则希望以另一种方式查看自己的数据。销售部门对数据有不同的理解，而金融部门对数据也有其独特的理解。

3.4.3 数据集市

为了满足各种独特视角对汇总数据和合计数据的不同需求，人们采用了一种不同的数据结构——数据集市（data mart）。图3.4.3说明数据集市发源于数据仓库。

图3.4.3指出每个不同的组织都有其自己的数据视角。所有的数据都源自数据仓库中的颗粒化数据。基于这样的颗粒化数据，不同的部门可以对数据建立不同的解释。请注意，尽管每个部门都有其自己的数据解释，但是所有的数据都仍然与公共的数据仓库保持协调一致。还要注意，如果要创建一个新的数据集市，则数据仓库中的数据可以立刻用于创建一种新的数据视角。

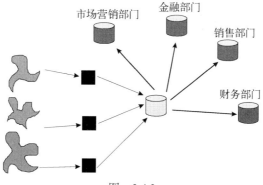

图 3.4.3

3.4.4 关键性能指标

在实际应用中,数据集市通常都含有所谓的关键性能指标 (key performance indicator, KPI)。每一个组织都有若干个KPI。KPI通常会追踪一些重要的度量指标,例如收入、收益率、产品、客户群增长情况,以及新产品的接受度等。

KPI通常是按照时间来度量的,一般是按月。通过查看KPI随时间的变化情况,组织可以开始跟踪业务进程 (或者了解其中存在的不足)。通常,每一个部门都有自己不同的KPI集合。

KPI很有意思的一个方面是它们会随着时间变化。在一段时期内,组织比较关注利润率,这样就会有一个用于度量利润率的KPI集合。在另一时期内,组织又比较关注市场份额,这样就会有另一个用于度量市场份额的KPI集合。由于企业的关注点会随着时间改变,用于度量该关注点的KPI也会随之改变。

3.4.5 维度模型

维度模型是一种优化的、用于数据集市的数据库设计。图3.4.4说明,每个数据集市都有一个与众不同的独特维度模型。

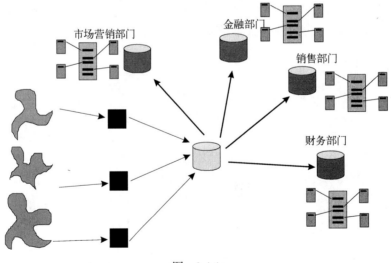

图　3.4.4

每个不同的部门都有其独特的维度模型,而维度模型的所有数据都来源于数据仓库。

维度模型有时也称作"星型联接"或者"雪花模型"。维度模型包括一个事实表和若干维度。图3.4.5展示了一个典型的维度模型。

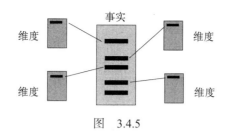

图　3.4.5

通常，事实表包含一个会多次出现的表，而维度则描述了事实表的一些情况，例如时间、产品描述或者客户姓名等。

维度模型的主要价值在于它很容易创建并且易于分析。维度模型中的数据很容易创建，当需要改变维度模型时，创建一个新模型通常比维护一个过时的旧模型更加简单。

请注意，维度模型无法改变模型中的数据。如果需要对维度模型中的数据进行更改，就需要"更新"数据。在更新过程中，新的数据行会全部装载到维度模型中。

3.4.6　数据仓库和数据集市的整合

将数据仓库和维度模型整合到一起构成的分析环境适合用于支持组织的分析需求。图3.4.6给出了一种典型的结构编排。

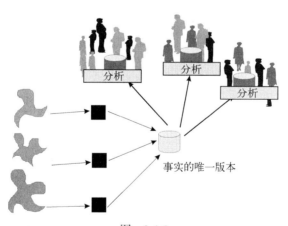

图　3.4.6

图3.4.6说明，数据仓库中保存了企业的颗粒化数据，这可作为事实的唯一版本。对于所有的数据集市，其数据都来源于数据仓库。因此，数据集市也称作依赖型数据集市（dependent data mart），因为数据集市中的所有数据都是来自数据仓库的数据。当数据源不是数据仓库时，也可以创建独立型数据集市（independent data mart）。

然而，独立型数据集市存在很多问题，其中包括以下几个。

❑ 没有可以与其他数据集市协调一致的数据
❑ 需要自己对原始数据单独进行集成

❏ 无法根据今后的分析需求随时进行创建

请注意，图3.4.6说明大多数分析处理都是在数据集市中完成的。只有当分析师必须针对数据仓库中的数据进行处理时，才偶尔会在数据仓库中进行。

3.5　作业数据存储

在大多数组织中，作业环境和数据仓库环境构成了日常处理和决策的支柱。此外，还有源自数据仓库的数据集市。图3.5.1展现了这种标准架构。

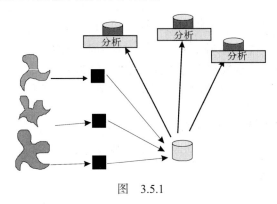

图　3.5.1

3.5.1　集成数据的在线事务处理

然而，除了作业处理和数据仓库处理之外，还有必要考虑其他一些情形。尽管并非所有组织都有这样的需求，但是确实有一些组织发现自己身处于不同的情形之中。

为了理解对不同种类数据结构的需求，先来观察图3.5.2所示的经典环境。图3.5.2中的架构为在线事务处理提供了便利的场所，而且为保存集成的历史数据提供了便利的场所。一旦集成的历史数据（也就是"记录系统"或者"事实的唯一版本"）创建之后，分析处理就有了基础。

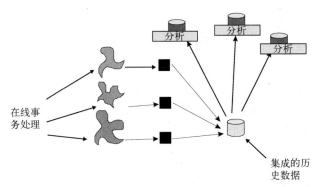

图　3.5.2

　　有时，组织发现自己还需要对集成数据进行在线事务处理。在图3.5.2中我们可以看到，这种架构并没有为集成历史数据的在线事务处理提供场所。

3.5.2　作业数据存储

　　当需要对集成数据进行在线事务处理时，就需要一种不同类型的数据结构。这就需要用到作业数据存储（operational data store，ODS）。

　　组织需要ODS的原因有很多种，其中之一就是其作业系统是非集成且难以处理的。出于多种原因，组织有时会面对这样的情形：他们拥有的是未集成的作业系统，而且这些作业系统无法进行重写或者改造。当组织需要集成数据并且无法修改或者改造其已有的系统环境时，就需要用到ODS，如图3.5.3所示。

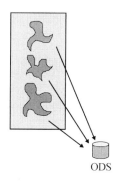

图　3.5.3

　　然而，至于组织为什么需要ODS还有其他一些原因。ODS出现的动因还源自这样的事实：组织有时候需要对集成数据进行在线更新。因为数据仓库无法支持在线更新，所以无论出于何种原因，能够进行在线更新的地方就是ODS。（图3.5.4说明在数据仓库中无法进行在线更新。）

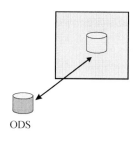

图　3.5.4

　　ODS的出现还有其他一些动因。但是无论出于什么原因，组织总有一天会觉醒并发现自己需要一个ODS。图3.5.5在组织的标准运营环境中增加了一个ODS。

　　图3.5.5说明作业应用程序可以将其事务处理数据发送给ODS。这些数据既可以直接发送给ODS，也可以通过ETL接口进行发送。当数据进入ODS之后，还会有一个针对数据仓库的接口。

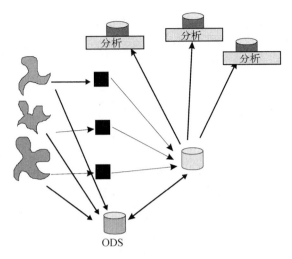

图   3.5.5

将数据装载到ODS之后，就可以在那里进行在线事务处理了。ODS环境建立起来，就可以支持高性能在线事务处理了。此外，ODS中的数据也会被集成。

3.5.3   ODS 和数据仓库

乍一看，ODS与数据仓库非常类似。实际上，ODS与数据仓库确实有一些共同的特征。不过它们之间也存在一些明显的区别。图3.5.6对数据仓库和ODS进行了比较。

图   3.5.6

ODS和数据仓库都包含面向主题的、集成的信息。从这一点来看它们是非常相似的。不过ODS中的数据可以单独进行更新、删除和添加。数据仓库包含非易失的数据。数据仓库中还包含数据的快照。一旦进行快照，数据仓库中的数据就不会变化了。因此，就易失性而言，数据仓库和ODS是极为不同的。

ODS和数据仓库之间的另一个主要区别在于，不同环境中数据的时效性有所不同。数据仓库中存储的数据经过了很长一段时间，一个数据仓库中保存5~10年的数据资产是非常正常的。然而，一个ODS中很少会保存超过30天的数据资产。因此，数据仓库和ODS在保存的历史数据规模上有很大差别。

3.5.4 ODS 分类

ODS可以划分为三类：第I类ODS、第II类ODS和第III类ODS。一个ODS到底属于哪个类别完全取决于数据从作业环境流转到ODS中的速度。图3.5.7说明ODS存在几种不同的类别。

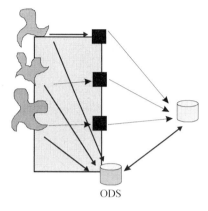

图　3.5.7

第I类ODS是数据从作业环境流转到ODS的速度达到毫秒级的ODS。在第I类ODS中，早上10:56:15将数据更新到作业环境中，而在10:56:16同一数据就会进入ODS环境。数据的传输如此之快，以至于最终用户甚至并不知道这两个环境中的数据在那一瞬间其实是并不同步的。

在第II类ODS中，作业系统中的数据要同步到ODS需要经过若干小时。在第II类ODS中，在早上10:56:15对作业环境进行更新，会在同一天下午的3:00将数据更新到ODS。

在第III类ODS中，早上10:56:15更新了作业数据，直到第二天才会把数据更新到ODS。

这三种类型的ODS都是有效的，也都有各自的应用场合。第I类ODS优化了整个系统的数据迁移速度，而用于实现第I类ODS的技术价格高昂且较为复杂。此外，当数据进入ODS时，几乎根本没有时间去更改数据。实际上，现实中并没有多少第I类ODS。

第II类ODS则更加常见。用于创建第II类ODS环境的技术比较常见，而且并没有那么昂贵和复杂。而且，在数据从作业环境流转到ODS环境的过程中，有充足的时间来更改数据。

第III类ODS则非常常见。实现第III类ODS所需的技术非常简单，而且在将数据传输到ODS的过程中，有充足的时间对数据进行必要的更改。

唯一确定需要确保采用第I类ODS的场合是：由于业务方面的紧迫原因，必须以匆忙的方式来处理数据。对于许多业务情形，第II类或第III类ODS就能够提供所需的业务功能。

3.5.5 将外部数据更新到 ODS

一个相关的问题是：有时需要将数据从遗留系统环境之外的其他某个来源迁移到ODS。图3.5.8说明，除了遗留系统环境之外，还可以将其他数据源的数据迁移到ODS。

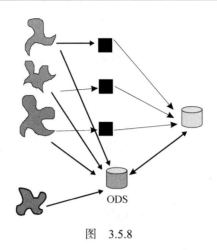

图   3.5.8

当从外部数据源更新数据时，可以采用直接或者间接的方式进行更新操作。

3.5.6   ODS/数据仓库接口

ODS以及其运行的环境还有另一个特点：ODS和数据仓库之间的接口是一种双向的数据交换接口。

图3.5.9展示了这种双向的接口。

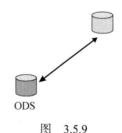

图   3.5.9

从ODS到数据仓库的数据迁移是正常而自然的。毕竟，遗留系统需要将它们的数据灌入数据仓库中。但是也可能存在从数据仓库到ODS的反向数据流。当采用数据仓库中的数据进行计算会影响到ODS中进行的处理时，就会出现这种反向数据流。例如，一家银行依据数据仓库中的信息决定提高利率。一旦银行决定了提高利率，就要将该利率回传到ODS中，以进行一些必要的处理。

关于从数据仓库到ODS存在反向数据流的示例还有很多。

3.6　对数据仓库的误解

数据仓库可以为企业带来以下益处。

- ❑ 从企业视角来看待数据
- ❑ 从集成视角来看待数据
- ❑ 研究跨越很长时期的数据
- ❑ 为组织中的多个群体提供唯一的数据基础

3.6.1　一种简单的数据仓库架构

这样，数据仓库技术就成为企业信息环境迈向成熟的一个重要标志性事件。图3.6.1展示了一个简单的数据仓库架构。

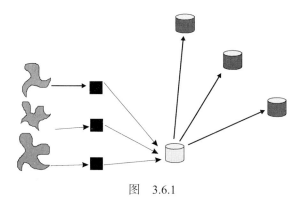

图　3.6.1

但是，在某些环境中，数据仓库的出现也导致了一定程度的混淆。有一些实例表明，人们曾经尝试使用数据仓库来做数据仓库无法完成或者不适合做的事情。随着时间的推移，人们对数据仓库到底是什么存在着错误的认识，而且一直没有得到纠正。久而久之，组织为将数据仓库用于其并不适用的场合付出了惨重的代价，最终又回到原点开始正确使用数据仓库。

3.6.2　在数据仓库中进行在线高性能事务处理

对于数据仓库，一种错误的认识是认为数据仓库是在线事务处理的基础。这种想法认为，有很多数据是采用大型且功能强大的计算机来管理的。为什么不将数据仓库作为数据存储的基础，进而支持在线事务处理呢？

图3.6.2展示了在数据仓库之上进行在线事务处理。那么这张图片又有什么问题呢？事实证明，这种做法其实是完全错误的。

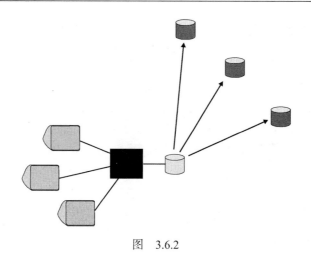

图   3.6.2

3.6.3   数据完整性

要对数据仓库中的数据进行在线数据处理，需要面对的第一个问题就是数据完整性被破坏。数据仓库包含了一系列的数据快照，每一个数据快照都有一个对应的时间段。当为数据捕获了正确的快照之后，如果再返回并且更改快照数据，就会破坏数据的完整性。

下面举一个在数据仓库中破坏了数据完整性的例子。假设一份报表是基于数据仓库上午11:52的数据制定的。这份报表是针对人员在那一时刻的银行账户余额制定的。

现在到了下午1:13。John Jones登录系统，从数据仓库中他的账户上取款500美元。之后，某人在下午3:34登录系统，运行了采用上午11:52的数据制定的同一份报表。这份报表在下午3:34的时候会显示不同的结果，因为制定报表所依据的数据已经发生了变化。图3.6.3给出了这两份报表。由于允许对数据仓库中的数据进行在线事务处理，丧失了数据完整性。

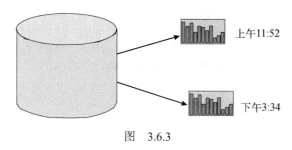

图   3.6.3

3.6.4   数据仓库工作负载

数据完整性并不是不能对数据仓库中的数据进行在线事务处理的唯一原因，另一个原因同样重要，这就是数据仓库运行时的工作负载。

　　考虑一下图3.6.4所给出的工作负载情况，其中数据仓库运行时存在一种混合工作负载。有些查询简短而快捷，而有些则规模巨大。图3.6.4给出的工作负载情况与高速公路上的交通情况非常相似。公路上飞驰着保时捷和宝马轿车，然而同时，公路上还有肯沃斯和麦克卡车这样的大型半挂车。这种工作负载就和你在任何州际公路上经常见到的负载情况一样。

混合工作负载

图　3.6.4

　　现在来看看图3.6.5中所展示的工作负载。在图3.6.5中，工作负载是快速且同质的。这就好比道路上只允许保时捷和法拉利通行一样，就像印第安纳波利斯高速公路或者戴通纳500大赛赛道。半挂拖车是不允许在这样的道路上行驶的。

同质工作负载

图　3.6.5

　　对于在线高性能系统来说，同质工作负载很常见。在线高性能系统的标志就是能够获得良好而一致的响应时间。为此，其工作负载必须是快速而同质的。

　　换言之，针对数据仓库的查询类型众多，致使数据仓库无法被高性能事务处理所使用。这就是数据仓库不应该用于高性能事务处理的第二个原因。

3.6.5　来自数据仓库的统计处理

　　数据仓库的另一种误用是有些组织使用数据仓库进行大量的统计处理。图3.6.6指出，使用数据仓库作为大量统计处理的基础是很具有诱惑力的。

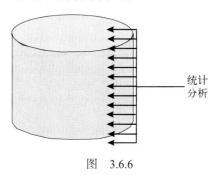

统计
分析

图　3.6.6

统计处理通常与标准查询极为不同。这二者的区别在于统计查询所访问的数据量。常规查询可以访问10~1000条数据记录。而常规统计处理可以访问10万~1000万条记录甚至更多。统计处理所使用的资源量要比标准查询处理所使用的资源量大好几个数量级。

有句俗话说："当你运行统计处理的时候，所有的灯都熄灭了。"它的意思是，处理统计查询所需占用的资源如此之多，以至于吸走了所有可用的电流。

3.6.6　统计处理的频率

实际上，大多数现代处理器都可以完成统计处理。只是它们无法在不影响数据仓库常规用户的前提下经常进行统计处理，因为统计处理所花费的时间无论如何也比执行常规用户查询处理所需花费的时间要多。比能否进行统计处理更重要的一个问题是进行一次统计处理的频率可以是多少。

一种典型的使用模式如下所示。

- 一年一次统计处理=没问题
- 一个季度一次统计处理=可能没问题
- 一个月一次统计处理=可能有问题
- 一个星期一次统计处理=有问题
- 每天一次统计处理=不可能
- 每小时一次统计处理=想都别想

3.6.7　探查仓库

那么如果组织需要进行经常性的统计处理（正如有些组织需要的那样），应该怎么办呢？如果可能需要对数据进行经常性的统计处理，那么就需要建立一种名为探查仓库（exploration warehouse）的专用结构。图3.6.7展示了一个探查仓库。

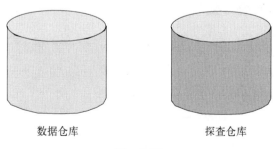

数据仓库　　　　　　　　探查仓库

图　　3.6.7

探查仓库与数据仓库有很多相似点，但是二者也存在一定区别。数据仓库与探查仓库之间的区别有以下几点。

- 数据仓库是一种持久化结构，而探查仓库是在项目基础之上或者根据需要建立的。
- 数据仓库的建立用于支持商业智能软件，而探查仓库的建立是为了支持统计分析软件。

- 数据仓库中含有高度规范化的数据,而探查仓库通常含有校正后的数据(有时称作便利字段,convenience field),预计用于要进行的统计分析。
- 数据仓库含有来自遗留环境的数据,而探查仓库则含有遗留环境和外部环境的数据。实际上,数据仓库通常并没有多少(如果有的话)外部数据,而探查仓库则包含大量的外部数据。

除了这些区别,数据仓库和探查仓库之间存在相当多的重叠。探查仓库具有很多优点,其中的主要优点就在于:在进行统计分析的时候,统计师可以基于探查仓库做任何想做的事情,而且并不会对数据仓库产生什么影响。探查仓库的存在避免了探查处理中使用的资源遭受破坏。

图3.6.8说明数据仓库和探查仓库是互为补充的。

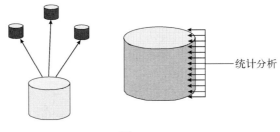

统计分析

图　3.6.8

第4章

Data Vault

4

4.1　Data Vault 简介

Data Vault 2.0（DV2）是一个商业智能系统，包括建模、方法论、架构和实施这四个方面的最佳实践。DV2的组件（也就是其支柱）包括以下四个。

- ❏ DV2建模（对模型性能和可扩展性的更改）
- ❏ DV2方法论（遵循Scrum和敏捷最佳实践）
- ❏ DV2架构（包含NoSQL系统和大数据系统）
- ❏ DV2实施［基于模式、自动化生成能力成熟度模型集成（capability maturity model integration，CMMI）第五层级］

2001年在选用Data Vault这个术语时，它只是用于在市场上表征本系统的一个市场营销型术语。商业智能Data Vault系统的真实名称是公共基础性仓库架构（common foundational warehouse architecture）。该系统包含了与数据仓库设计、实施和管理相关的业务，如图4.1.1所示。

图　4.1.1

Data Vault有很多特殊之处，包括面向企业数据仓库的建模风格。该方法论吸收了软件开发最佳实践中的一些经验常识，如CMMI、六西格玛管理（Six Sigma）、全面质量管理（total quality management，TQM）、精益管理（Lean initiative）、缩短周期（cycle-time reduction）等，并且应用这些理念来解决重复性、一致性、自动化和减少错误等方面的问题。

这其中的每一个组件在企业数据仓库项目的总体成功中都起着关键作用。这些组件吸收了行业已知的和经过时间考验的最佳实践，借鉴了CMMI、六西格玛、TQM、项目管理专业人员（project management professional，PMP）等各方面的经验。

Data Vault 1.0主要高度关注数据建模部分，而DV2则包含了商业智能方面的成就。Data Vault的演进超出了数据模型的范畴，使团队能够在Scrum敏捷开发的最佳实践中并行工作。DV2架构的设计中包括了NoSQL（想想：大数据、非结构化、多结构化和结构化的数据集）。同时，模型提供了无缝集成点，为指导项目团队提供了定义明确的实施标准。他们可以转换职能以实现如图4.1.2所示的任何一种场景。

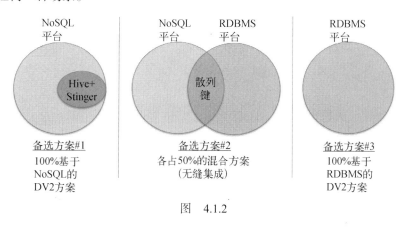

图　4.1.2

4.1.1　Data Vault 2.0 建模

DV2建模主要关注如何提供灵活、可扩展的模式，让这些模式协同工作，按照业务键为企业数据仓库集成原始数据。DV2建模引入了一些细微变化以确保其建模范例可应用于大数据、非结构化数据、多结构化数据和NoSQL等多种场合。Data Vault建模改变了散列键的顺序编号。这样的散列键就能够保持稳定，提供并行装载方法，并且能够对记录的父键值进行解耦计算。

4.1.2　Data Vault 2.0 方法论定义

DV2方法论需要集中两到三周的冲刺周期，对可重复的数据仓库任务进行适应和优化。DV2方法论的思想是为团队提供灵活的数据仓库技术和商业智能的最佳实践。为了实现数据仓库平台的下一个成熟度层级，DV2将方法论作为支柱（或者说关键组件）之一。

4.1.3　Data Vault 2.0 架构

我们需要DV2架构是因为其中包含了NoSQL、实时馈送，以及用于处理非结构化数据和大数据集成的大数据系统。该架构还为定义哪些组件适合哪些场合以及应该如何集成这些组件提供了基础。此外，该架构还为整合托管式自助服务BI、业务回写、自然语言处理结果集集成等提供了一份指南，并且为在哪里处理非结构化和多结构化数据集指明了方向。

4.1.4　Data Vault 2.0 实施

DV2实施通过专注于自动化和生成模式，以便节省时间、减少错误和快速提升数据仓库团队的生产效率。DV2实施标准为高速可信地进行扩建提供了规则和工作指南，使该过程没有或者很少出现错误。DV2实施标准规定了在过程链的何处执行特定业务规则以及如何执行，说明了如何将业务变更或数据供应从数据获取过程中分离出来。

4.1.5　Data Vault 2.0 商业效益

那些来自已有的CMMI、六西格玛、TQM、PMP、Scrum敏捷开发、自动化等的最佳实践有很多好处，不胜枚举。然而，采用DV2商业智能系统的原因可以用一个词很好地概括，这个词就是成熟（maturity）。

商业系统和数据仓库系统的成熟需要具备以下这些关键要素。

- 可重复的模式
- 冗余架构和容错系统
- 高可扩展性
- 极度的灵活性
- 可控而一致的变更吸收成本
- 可测度的关键过程区域（key process area，KPA）
- 缺口分析（面向创建数据仓库的业务）
- 大数据和非结构化数据的集成

从业务的角度来看，DV2解决了对大数据、非结构化数据、多结构化数据、NoSQL和托管式自助服务BI的需求。DV2实际上旨在发展数据仓库系统［企业数据仓库（enterprise data warehouse，EDW）］和商业智能（business intelligence，BI）。DV2的目标是采用一种可重复的、一致的和可伸缩的形式，使企业创建BI系统的过程变得成熟，同时提供对新技术的无缝集成（也就是NoSQL环境）。

最终，DV2的商业效益包括（但不限于）以下几个方面。

- 降低了EDW/BI项目的总拥有成本（total cost of ownership，TCO）
- 提高了整个团队（包括交付）的敏捷性
- 增加了整个项目的透明度

最后，DV2的商业优点可以划分为下述几个类别。

Data Vault 2.0敏捷方法论的优点

- 驱动敏捷交付（2~3周）

- ❑ 包括CMMI、六西格玛、TQM
- ❑ 管理风险、治理和版本控制
- ❑ 定义自动化、生成
- ❑ 设计可重复的优化过程
- ❑ 整合面向BI的最佳实践

Data Vault 2.0模型的优点

- ❑ 遵循自由扩展架构
- ❑ 基于轮轴–辐条式设计
- ❑ 由集合逻辑和大规模并行处理数学方法支持
- ❑ 包括NoSQL数据集的无缝集成
- ❑ 支持100%的并行异构装载环境
- ❑ 限制了对局部区域的变更影响

Data Vault 2.0架构的优点

- ❑ 提高了解耦能力
- ❑ 确保了低影响的变更
- ❑ 提供了托管式自助服务BI
- ❑ 包含了无缝的NoSQL平台
- ❑ 支持团队敏捷开发

Data Vault 2.0方法论的优点

- ❑ 提高了自动化
- ❑ 确保了可扩展性
- ❑ 提供了一致性
- ❑ 具备容错能力
- ❑ 提供了经过验证的标准

4.1.6 Data Vault 1.0

Data Vault 1.0高度关注Data Vault建模组件（稍后介绍）。一个Data Vault 1.0模型附加了代用顺序键作为每个实体类型的主键选项。遗憾的是，代用顺序键会存在下述问题。

- ❑ 引入了对ETL/ELT装载范式的依赖
- ❑ 包含上/下界限制，当达到边界时会出现问题
- ❑ 是没有意义的数字（对业务而言毫无意义）
- ❑ 在装载大数据集时会造成性能问题（由于依赖关系）
- ❑ 降低了装载过程的并行化程度（又一次因为依赖关系）
- ❑ 不能用作数据存储的MPP分区键，这样做可能会导致在MPP平台出现热点
- ❑ 在恢复载荷过程中不能可靠地重建或重新分配（复位到其原来的值）

Data Vault 1.0无法满足大数据、非结构化数据、半结构化数据以及海量关系数据集的需求。

4.2　Data Vault 建模介绍

4.2.1　Data Vault 模型概念

从概念层面上来看，Data Vault模型是一种中心辐射式模型，其设计重点围绕着业务键的集成模式。这些业务键是存储在多个系统中的、针对各种信息的键（最好是主密钥[①]），用于定位和唯一标识记录或数据。从概念层面上来看，这些业务键是独立的，这意味着它们的存在并不依赖其他信息。

这些概念来自业务上下文（或者说业务本体）。从主数据的视角来看，业务上下文是一些具有业务含义的要素，例如客户、产品、服务等。这些概念都是在最低粒度层级上的业务驱动因素。Data Vault模型并不赞成采用超类型和子类型的概念，除非源系统必须以这种方式提供数据。

4.2.2　Data Vault 模型定义

Data Vault模型是一个面向细节的、历史追溯的并且唯一链接的规范化表集，能够支持一个或者多个业务功能区。在Data Vault 2.0中，模型实体是以散列码作为键的，而在Data Vault 1.0中，模型实体是以顺序码作为键的。

从建模风格上看，它采用了一种由第三范式方法与维度建模方法混合而成的方式，以二者的独特组合来满足企业需求。Data Vault模型也采用了中心辐射型图形模式，也可称之为无标度网络（scale-free network）设计。

图4.2.1给出了一个Data Vault模型的例子。

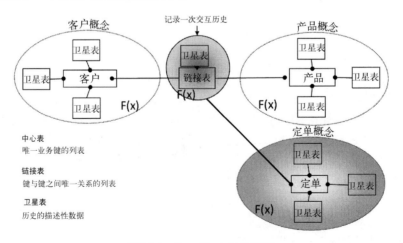

图4.2.1　Data Vault概念模型

---

① 主密钥（master key）是指用于保护证书私钥的对称密钥以及数据库中存在的非对称密钥。——译者注

这些设计模式使Data Vault模型继承了无标度特性。这意味着除了由基础设施造成的限制之外，在模型的规模或者模型可以表示的数据规模上并不存在已知的固有限制。

4.2.3　Data Vault 模型组件

Data Vault模型中有三种基本的实体（结构）：中心表、链接表和卫星表。如果用业务术语来表述，那么中心表表示了以横向方式贯穿企业的实际业务键或者主密钥集合。链接表表示了企业中存在于业务键之间的关系和联系。真正的数据仓库组件充当卫星表，其中存储了随时间推移的非易失数据。

Data Vault模型基于数据的规范化及其类别的区分。在上述特例中，业务键（中心表）与关系（链接表）被视为不同的类别。这些类别按照语境或者描述性信息（卫星表）进行区分，而这些语境或描述性信息存在着一种随时间变化的趋势。

业务键

业务键是业务中的驱动因素，而且这也是它们如此令人关注的原因所在。业务键将数据集与业务过程联系起来，将业务过程与业务需求联系起来。如果没有业务键，数据集就没有价值。业务键是追踪经过业务过程和跨业务范围数据的唯一源头。

图4.2.2以一家大规模企业为例，表示了几个概念。深色小方框代表业务中发生的数百个单独的业务过程，它们通过一个业务过程生命周期联系到一起。该组织的目标是确定关键路径（因为他们正致力于缩短周期和精益管理）。业务过程的关键路径采用虚线标记。

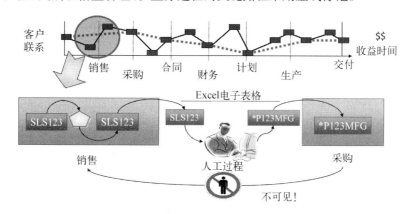

图4.2.2　跨业务范围的业务键

注意　关键路径对于支出成本的降低、投放市场的时机、质量改进等而言是非常重要的一部分。通过标识组织的关键路径，公司可以在整个企业内达到"更好、更快和更便宜"的目标。为了追踪经过公司各业务流程的关键路径，识别和追踪流经业务过程的数据是必要的。

在每个业务过程中都要识别业务键。这也正是组织中的源系统和个人用以跟踪和管理底层数据和合同的方式。业务键（在本例中为SLS123）起源于销售系统。当这些键穿过业务过程边界，从销售过程到了供货过程，就会出现一个手工过程。该手工过程的结果就是将业务键从SLS123变更为*P123MFG。遗憾的是，除了一个外部的Excel表格之外，这种以手工方式对业务键进行的变更（在本例中）在其他地方并没有进行记录。

4.2.4 Data Vault 和数据仓库

正如前面所说的，组织的目标就是降低总拥有成本（TCO）。这意味着要降低成本开支、提高交付产品的质量，并缩短交付产品或者服务的时间。正确设计和实现的Data Vault数据仓库可以辅助完成这些任务，包括发现和识别关键路径所需的跟踪活动。

跟踪和追寻跨多个业务范围的数据是一种能力，它是创造价值或者将数据作为有案可查的资产的一个重要组成部分。如果不能对业务过程进行追溯，数据就几乎变得没有价值了。

业务中的关键路径分析和建立对多个业务范围的追踪意味着业务工作可以缩短周期（或者企业精益管理措施），并且可以使业务人员能够识别关键路径，同时消减那些不能增值而只会减缓产品或者服务的生产和交付的业务过程。理解跨多个业务范围的数据的路径（采用业务键识别）可以真实展示关键路径和长期存在的业务过程，而这些业务过程都需要努力缩短周期。

通过业务键组织数据，进而跟踪业务过程，不仅仅更容易为数据赋予价值，而且更便于理解业务感知（也就是提供给企业数据仓库团队的业务需求）与在多源系统之上进行捕获与执行操作的现实性之间的差距。

该过程的最终结果之一就是（有希望）有助于了解业务可能在哪些地方严重亏损。通过全面质量管理最佳实践来弥补这样的缺口就能防止资金损失，而且很可能还会增加收益，同时提高产品或者服务的质量。

4.2.5 转换到 Data Vault 建模

Data Vault模型，尤其是中心表，展示了有多少不同的键横跨整个业务流程。中心表追踪了每个键何时插入数据仓库中，并且追寻它到达了哪个源应用程序。中心表本身不再追踪其他任何东西。为了理解从一个业务范围到另一个业务范围的"业务键变更"，数据仓库需要另一种表结构和另一种源输入。

Data Vault采用的另一种表结构叫作链接表。链接表结构保存了来自手工过程的输入，例如从SLS123到*P123MFG的变化，也可称之为一个same-as链接结构。

图4.2.3展示了一个针对这种情形的Data Vault 2.0示例模型。中心表Customer表示了业务过程中的两个键。same-as链接表描述了它们的连接关系，记录来源是Joes Excel，意味着Data Vault是基于手工过程来装载处理Excel表格的。链接卫星表Effectivity为关系的开始和停止提供了时限。卫星表是存放描述性数据的地方。

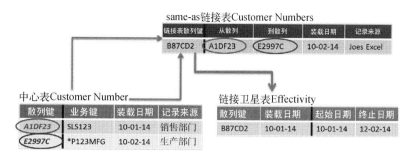

图4.2.3 Data Vault 2.0数据模型

与仅仅说明绩效的常规表相比,卫星表可以承载更多的信息。对于描述客户信息的表而言(在此未给出),卫星表可以承载一些额外的描述性细节信息,例如客户的姓名、地址和电话号码等。在本节稍后的内容中,还会给出其他有关卫星表的例子以及卫星表数据。

本例中的链接表带有键的匹配(双向)。这种类型的链接结构可以用于接续主密钥的选用,也可以用于解释键从一个源系统到另一个源系统的映射和变更。它还可以用于表示多级层次结构(在此未给出)。

注意 Excel电子表格的导入展示了向托管式**自助服务商业智能**(self-service business intelligence,SSBI)迈出的第一步。托管式SSBI是数据仓库演化的下一个阶段,允许业务用户与数据仓库中的原始数据集进行交互,并且通过改变数据来影响自己的信息集市。

Data Vault模型不仅提供了直接的业务价值,而且能够随时间的推移跟踪所有的关系。它还展示了可能装载到数据仓库的数据之间的不同层次结构(尽管这在很大程度上聚焦于那一时刻两个特定的业务键)。

通过追踪业务键的变化、跨业务键的关系和业务键之间的关系,业务人员开始可以询问和回答以下这些问题。

- 在我的客户账户传递到采购过程之前,需要在销售过程中停留多长时间?
- 我能拿销售环节(AS-SOLD)的情形和合同签订环节(AS-CONTRACTED)的情形进行比较吗,能拿生产环节(AS-MANUFACTURED)的情形与财务管理环节(AS-FINANCED)的情形相比较吗?
- 我实际上有多少客户?
- 在我的业务中,客户、产品或服务从"最初销售"状态到达"最后交付"状态需要多长时间?

如果没有一个一致的跨不同业务范围的业务键,这其中有很多问题都无法解决。

4.2.6 数据重构

在集结区对数据进行重构,可以将跨多个系统的集成工作集中到目标数据仓库的一个单独区域完成，而不需要改变数据集本身（也就是没有合规性）。这叫作被动集成（passive integration）。可以认为这是按照业务键集成的，只不过是被动的（同样是因为不改变原始数据）。这是按照位置进行的集成。（也就是说，所有的个人客户账户编码都存在于同一个中心表中，而所有的企业客户账户编码都存在于不同的中心表里。）

4.2.7   Data Vault 建模的基本规则

Data Vault建模有一些基本原则必须遵循，否则模型本身就因为不受约束而不能被称为Data Vault模型了。这些规则在教学环境中都已经有了充分记载，其中一些规则如下所示。

(1) 业务键是按照粒度和语义内涵进行分割的。这就意味着企业客户键和个人客户键都必须存在，或者用两个不同的中心表结构进行记录。

(2) 关系、事件和跨两个或者多个业务键的交叉关系都要存放在链接结构中。

(3) 链接结构没有开始或者结束日期，它们只是对数据到达数据仓库那一时刻的关系的一种表达。

(4) 卫星表是按照数据类型以及变更的类别和速度进行分割的。数据类型一般都是单一的源系统。

原始的Data Vault建模不允许也不提供诸如合规性这样的理念或概念，也不能处理超类型。这些责任都落到了Business Vault模型（另一种形式的Data Vault建模，可作为一个信息交付层）的身上。

4.2.8   为什么需要多对多链接结构

多对多链接结构允许Data Vault模型在未来扩展。源系统中表达的关系通常都是对业务规则或者当日业务执行情况的反映。关系定义会随着时间推移而变化，而且会不断变化。如果要表达历史数据和未来的数据（不重新构建模型和装载程序），就有必要使用多对多的关系表。

采用这种方式，Data Vault 2.0数据仓库就可以揭示关系随时间的推移而变化的模式。这就意味着我们可以寻找"当前需求"与历史"关系"之间的差距在哪里。因为有了多对多表（链接表），所以原始Data Vault可以围绕数据损坏的程度以及关系需求何时破坏来提供一些指标。

例如，过去每一个抽样客户通常都只有一个投资经理。现在，公司可能配备了三个或者更多的投资经理。如果数据仓库模型强制采用"过去"的关系（很多个客户对应一个投资经理），那么为了支持现在的关系，数据模型和ELT/ETL装载程序都需要重新构建。

重新建设浪费资金，工作量不断增加（因为数据集的增长和模型的增长），时间和复杂度上的代价也会增加。最终，这些成本和时间上的增长会超出业务支付的能力。

表示关系随时间不断变化的唯一方式就是将数据存放在多对多的链接表中，然后基于某些需求进行查询（提供下游数据集市）。当业务用户违背当前规则时，数据仓库可以准确告知他们。

4.2.9　散列键代替顺序号

由于需要连接异构数据环境（例如Hadoop），散列键对于Data Vault 2.0来说很重要。另一个原因就是要在"装载"Data Vault 2.0结构时消除依赖性。当处理高吞吐率（也就是高速率）数据或者大数据（多样化和大数据量）时，装载程序最不需要的就是依赖性，采用顺序方式会迫使负载堆叠到一起。装载组件和这种选择背后的原因将在本章的另一节中进行探讨。

实际上，如果在大数据系统中存在这样的装载依赖性，那么就几乎不可能正确地进行扩展。Data Vault 1.0中的顺序处理强制先装载中心表，然后是链接表，之后才是卫星表。这是因为链接表这样的子表依赖中心表的顺序，中心表的卫星表也依赖中心表的顺序，而且链接卫星表依赖链接表的顺序，而链接表又依赖中心表的顺序。

这种类型的依赖不仅减缓了装载过程，还扼杀了并行处理的可能性，甚至切断了参照完整性。此外，它还将依赖性植入异构环境下的装载流中。例如，如果你将卫星表数据装载到Hadoop（也许是一个JSON文档），就必须从关系数据库的某个中心表中查看其顺序号。这种依赖性破坏了建立像Hadoop这样的系统最初所希望达到的总体目标。

因此，散列键对于Data Vault 2.0在大数据和NoSQL领域的成功推广非常重要。在此所选择的散列函数是MD5，这是基于达到集结区的业务键预先计算的一个128位的数值。这样就可以消除所有的查找依赖，而且整个系统都可以跨异构环境并行装载。

Data Vault 2.0模型选用的散列功能是MD5。MD5产生了一个预先计算好的128位的数值，该数值基于业务键的值和业务键的组合情况（对于链接结构）进行计算，其保持唯一性的概率可达99.8%。采用这种散列值作为分布键，现在模型中的数据集实际上可以扩散到整个大规模并行处理（massively parallel processing，MPP）环境中。这样可以实现更好的、几乎随机的甚至几乎跨MPP节点的分布。

要使出现"冲突"的可能性达到50%（也就是说两个不同的业务键值使用同一散列键），需要每个中心表每秒插入60亿个新的业务键。因此，采用这种技术出现冲突的概率非常小。

在关系领域中，顺序号是一种"老"技术了，它会引入人们并不想要的依赖。而且顺序号也会导致出现热点（如果在MPP中被选作分布键）。此外，顺序方式表示的记录编号总会有上限，128位的散列码则大大拓展了这一限制。

从建模的视角来看，这确实意味着增加了存储，该模型将128位的散列码转换为CHAR(32)长度的字段，将列的联接（join；以前是针对数值的）操作转换成32位字符长度的联接。这种联接操作只是稍有一点慢而已，然而，正确使用散列码的好处要远比在装载和跨系统（或者说异构支持）上的这点性能损失多得多。

这只是针对用作企业数据仓库的Data Vault 2.0模型而言的。为了在异构环境中获得尽可能快的联接操作，在持久化的下游信息集市（数据集市）中仍然可能（甚至说是建议）使用或者采用顺序号。

最大的好处并非来自建模方面，而是需要从装载和查询的视角来看。就装载来说，它释放了依赖，并且在装载到Hadoop和其他NoSQL环境的同时，允许并行装载到关系数据库管理系统

（relational database management system，RDBMS）。对于查询来说，它支持"迟加入"，支持在Hadoop、NoSQL和RDBMS引擎之间跨JDBC和ODBC进行数据的运行时绑定。这并不是说查询的速度会很快，而是说它更加容易实现。

在Data Vault 2.0入门培训课程和Data Vault 2.0相关的出版资料中有针对这一主题的深入的分析。对这一主题更深入的研究已经超出了本书的范畴。

4.3   Data Vault 架构介绍

4.3.1   Data Vault 2.0 架构

Data Vault 2.0架构基于三层数据仓库架构。这三个层次通常确定为集结区（或登陆区）、数据仓库和信息交付层（或数据集市）。图4.3.1展示了Data Vault 2.0架构的概览。

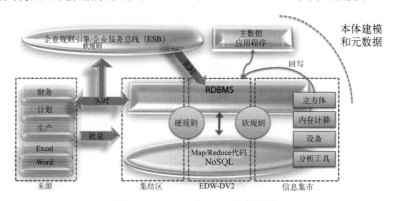

图4.3.1   Data Vault 2.0架构概览

多层结构使实现人员和设计人员可以对企业数据仓库去耦合化，将数据来源和获取功能与信息交付和数据供应功能分解开来。这样，团队就会变得更加敏捷，而该架构也具有了更强的故障恢复能力，能够更加灵活地对变更作出响应。

这几个部分是集结区、EDW和信息集市（或信息交付层）。不管实现过程中采用的平台和技术如何，这些层次都将一直存在。然而，当系统可以支持近实时处理时，对集结区的需求和依赖度就会下降。真实时数据将直接输送到EDW层。

除了这三个层次，Data Vault 2.0还规定了以下几个不同的组件。

(1) 用于处理大数据的Hadoop或者NoSQL。

(2) 流入流出商业智能生态系统的实时信息流；随着时间的推移，这也会将EDW演化成为一个作业型的数据仓库。

(3) 从回写功能到主数据功能的流程采用了托管式SSBI，支持TQM。

(4) 分离了软硬业务规则，使得企业数据仓库成为一个面向原始事实的记录系统，随时间推移不断装载原始事实。

4.3.2　如何将 NoSQL 适用于本架构

NoSQL平台实现有很多种。有些包含类似于SQL的接口，有些则将RDBMS技术和非关系型技术加以整合。这二者（RDBMS和NoSQL）之间的界线一直都是比较模糊的。最终，将会设计出一种可同时容纳关系型数据和非关系型数据的"数据管理系统"。

在很多实例中，现在的NoSQL平台其核心都是基于Hadoop的。为了管理不同目录下的文件，这些平台还包括Hadoop文件系统（Hadoop file system，HDFS）或者元数据管理等功能。各种SQL访问层的实现和内存计算技术则位于HDFS之上。

一旦ACID［表示原子性（atomicity）、一致性（consistency）、分离性（isolation）和持久性（durability）］方面的合规性得以实现（当前的某些NoSQL厂商可以做到），RDBMS和NoSQL之间的区别也就变得更模糊了。请注意，现在并非所有的Hadoop或者NoSQL平台都能够提供ACID合规性，而且并非所有的NoSQL平台都能够提供足以胜任的记录更新功能，这也使之无法完全替代RDBMS技术。不过，这种情况变化得很快。即使在撰写这部分内容之时，这门技术也仍在不断发展提高之中。最终，这门技术将会是无缝衔接的，而从该领域的厂商购买的产品也将是基于混合架构的。

对于Hadoop这样的平台来说，当前对它的定位是将其作为一个摄入和集结数据的区域，针对所有可能进入数据仓库的数据。这包括结构化的数据集（采用分隔符标记的文件、固定宽度分栏书写的文件）、多结构化数据集（例如XML和JSON文件）、非结构化数据（例如Microsoft的Word文档、Excel电子表格、视频、音频和图像）。这是因为将一个文件摄入到Hadoop当中非常简单：将文件复制到一个由Hadoop管理的目录中即可。此后，Hadoop会将文件分割存放到多个节点（或者机器）上，而这些节点都已经注册为Hadoop集群的一部分。

Hadoop的第二种用途是作为一个执行数据挖掘任务的平台，使用SAS、R或者文本挖掘等工具进行数据挖掘。挖掘工作的结果通常都是可以（而且应该）存放到关系数据库引擎中的结构化数据集，以便使之支持即席（未事先定义的）查询。

4.3.3　Data Vault 2.0 架构的目标

Data Vault 2.0架构有以下四个目标。
(1) 无缝衔接已有的RDBMS和新的NoSQL平台。
(2) 使业务用户参与进来，并且为托管式SSBI提供空间（对数据仓库中的数据进行回写或者直接控制）。
(3) 为了实现数据直接实时到达数据仓库环境，不再强制要求数据先进入集结区数据表。
(4) 为了支持敏捷开发，将经常变更的业务规则从静态的数据对准规则中分离出来。
该架构在职能的划分上起到了重要作用，将数据获取与数据供应分离开来。通过划分职能并且将经常变化的业务规则推送给业务用户，使实现团队具备敏捷开发能力。

4.3.4   Data Vault 2.0 建模的目标

Data Vault 2.0建模的目标是提供无缝衔接的平台集成，或者通过设计至少使之可用和可行。这里所采用的设计包括几个基本的要素。首先是散列键的使用（将代用键替换为主键）。散列键支持跨异构平台实现并行的去耦合装载工作。在4.2.9节和4.5.3节中，对散列键和装载过程进行了介绍和讨论。

那就是说，散列键提供了两种环境之间的连接（connection）机制，支持在可能的环节上实现跨系统的联接（join）操作。根据所选NoSQL平台和硬件基础设施的不同，跨系统联接操作的性能也有所差别。图4.3.2给出了一个示例数据模型，在RDBMS与采用Hadoop存储的卫星表之间提供了一个逻辑外键。

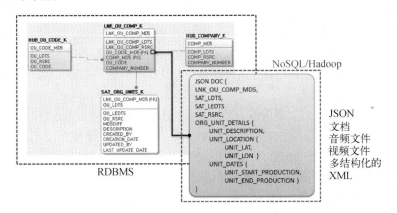

图4.3.2   采用Hadoop存储的卫星表

换言之，上述做法的思想就是通过向混合架构中加入一个NoSQL平台来扩展其当前的基础设施，同时保持其当前已有RDBMS引擎的价值和使用，而不影响原有设施中所有已有的历史数据。

4.3.5   软硬业务规则

业务规则就是转换成代码表示的要求条件。这些代码可以操作数据，有时也会将数据转换成信息。Data Vault 2.0的BI系统部分可以支持敏捷性（这将在4.4.2节中进行仔细探讨）。要支持敏捷性，首先要将业务规则分割成两个不同的分组：硬规则和软规则，如图4.3.3所示。

- 硬规则：
  - 任何不改变单个字段或粒度内容的规则

- 软规则：
  - 任何改变或解释数据或者改变数据粒度的规则
  - （将数据转换为信息）

- 例如：
  - 数据类型对准
  - 规范化/非规范化
  - 标注（增加系统字段）
  - 去重
  - 按记录结构分割

- 例如：
  - 串联名称字段
  - 标准化地址
  - 计算月度销售量
  - 合并
  - 整合

图4.3.3　软硬业务规则

这一想法是为了将数据解释与数据存储和对准规则分离开来。通过对这些规则的去耦合处理，团队就可以提升敏捷性。同样，业务用户也可以获得更多支持，而且BI解决方案也可以向托管式SSBI的方向过渡。此外，基于Data Vault 2.0的数据仓库承载的是原始数据，是以一种不遵照规范的状态存在的。这样的数据需要采用一种名叫"业务键"（这一概念在4.2.1节中定义）的业务构造来进行对准。

按照业务键集成的原始数据可作为通过审计的基础。尤其是当数据集并不是以遵从规范的格式存在时。Data Vault 2.0模型的思想为基于数据仓库技术的存储提供原始数据，这样，如果必要（由于审计或者其他需要）的话，团队可以重建或者重新组织源系统的数据。

这样就使基于Data Vault 2.0的数据仓库变成了一个记录系统。很多时候，由于采用数据仓库来存放来自源系统的数据，那些源系统既可能停用也可能被新建系统所替代。

4.3.6　托管式 SSBI 与 DV2 架构

首先，要知道"自助服务商务智能"这个名称本身就有些名不副实。20世纪90年代，市场上出现了"联邦查询"引擎，该引擎也称作企业信息集成（enterprise information integration）。然而这是一个远大的目标，人们从未真正克服技术挑战而达到经销商所吹嘘能够达到的水平。最后，为了进行精确决策，人们仍然需要一个数据仓库和商业智能构成的生态系统。因此，托管式SSBI是可行的，而且在本书所探讨的解决方案中也为该术语的应用预留了空间。

那就是说，Data Vault 2.0架构为托管式SSBI功能提供了回写数据的注入（在多个层面上对数据的重新吸收），这些回写数据既可以来自直接的应用程序（位于数据仓库之上），也可以来自外部应用程序，例如SAS、Tableau、QlikView和Excel等，当数据经过更改并且以另一数据源的形式再次回馈到数据仓库中之后，从物理上来说，数据集就从这些工具中导出了。

区别就在于，要为业务重组正确地输出，合计操作和剩余的软业务规则都要依赖新数据。软业务规则（也就是代码层）是通过信息技术部门管理的，而业务过程是由数据驱动的，而且数据由业务部门管理。举个简单的例子，可以允许各业务部门直接存取数据，使之管理自身的层级结构。

4.4 Data Vault 方法论介绍

4.4.1 Data Vault 2.0 方法论概述

Data Vault 2.0标准为项目执行提供了最佳实践，这就是所谓的"Data Vault 2.0方法论"。该方法论源自核心软件工程标准，将其改编后适用于数据仓库技术。图4.4.1展示了影响Data Vault 2.0方法论的一些标准。

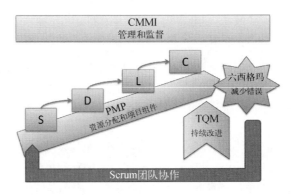

图4.4.1   Data Vault 2.0方法论概述

面向Data Vault项目的方法论所基于的最佳实践来自规范敏捷交付（disciplined agile delivery，DAD）、自动化与最优化原则（CMMI、KPA和KPI）、六西格玛错误跟踪与减少原则、精益企业举措，以及周期缩短原则。

此外，Data Vault方法论还考虑了一种名为托管式自助服务商业智能（managed self-service BI）的概念。托管式自助服务商业智能的概念是在4.3.1节中引入的。

该方法论的思想是为团队提供最新的工作方法，以及一种定义明确的的信息技术过程，使数据仓库系统（BI系统）的建设可重复并且可靠而快速。

4.4.2 CMMI 和 Data Vault 2.0 方法论

卡耐基梅隆大学设计的CMMI包含了管理、评估和优化等方面的基本原则。这些组件都被应用于本方法论的KPA和KPI层面。要理解和定义业务过程究竟是什么，上述这些组件都是必需的，而且应该围绕着商业智能扩建的生命周期而展开。

创建BI解决方案的业务需要一定的成熟度。要实现这些目标，实现团队必需首先认识到一个商业智能系统就是一个软件产品。同样，系统开发生命周期（system development life cycle，SDLC）组件以及管理、识别、度量和最优化方面的最佳实践也必须加以应用，尤其当团队要在前进中变得敏捷并且要保持这种状态时，更应如此。图4.4.2演示了如何将CMMI各层次映射到Data Vault 2.0方法论。这并不是一个完全的映射，而只是整体之中具有代表性的一部分。

	Data Vault 2.0方法论
第1层级：最初的混沌状态	无效项
第2层级：管理层	预定义文档模板 实施标准 基于模式的架构
第3层级：定义层	定义项目过程
第4层级：定量管理层	捕获到的估计值与实际值 度量交付时间 度量复杂度 度量缺陷
第5层级：优化层	自动化工具 快速交付 降低的成本 并行团队

图4.4.2　CMMI映射到Data Vault 2.0

CMMI的最终目标是最优化。如果没有指标（定量的度量）或者KPI，最优化就无法实现。如果没有KPA或者对要测量的关键区域的定义，这些KPI也无法实现。当然，如果没有最初对项目的管理，这些KPI也无法实现。

敏捷性之路是由指标和定义明确且易于理解的业务过程所铺就的。为了使企业BI系统的建立具有牢固基础并实现自动化，Data Vault 2.0方法论依赖CMMI的必备组件。

退一步来看，下面给出CMMI关注事项的一个简单定义。

在CMMI中，过程管理是核心主题。它体现了在工作过程中展现出来的学识和诚实。通过交流如何开展工作，过程也可以支持透明性。这种透明性存在于项目之中和项目之间，而且有着明确的预期。同样，度量也是过程和产品管理的一部分，而且为指导产品开发所需的决策制定提供了信息。[①]

CMMI为过程带来了一致性，也带来了易管理性、文档编制和成本控制。CMMI帮助那些分派到项目的人们在执行任务时牢记特定的质量指标。通过识别在每个BI系统中都必定出现的通用过程，也有助于对这些指标进行度量。

CMMI提供了一个可操作的框架。Data Vault 2.0方法论的实施团队继承了CMMI第5层级规范中最优秀的一部分，并且成功而脚踏实地地进行了实施。为什么能够如此？因为Data Vault 2.0方法论提供了透明性，定义了很多的KPA和KPI，而且通过分配在实施阶段使用的基于模板的预定义交付产品，也丰富了项目过程。

在Data Vault 2.0项目中，透明性是以不同方式来实现的。首先向团队推荐的是建立一个公司内部的wiki，使员工能够接触到公司中的所有员工（包括行政人员）。所有的会议、所有的模型、所有的模板、设计、元数据和文档编制都应该在wiki中有所记录。

---

① Glazer H., Dalton, J., Anderson, D., Konrad, M., Shrum, S. (2008). CMMI or agile: Why not embrace both! (Technical Note CMU/SEI-2008-TN-003). 检索自卡内基梅隆大学软件工程学院：http://resources.sei.cmu.edu/asset_files/Technical-Note/2008_004_001_14924.pdf，第17页。

来自不同团队的成员应该每天至少更新一次wiki（如果无法更多的话）。在项目生命周期中，新项目开始之初或者启动之时更新量要比其他阶段更多一些。这应该反映出与业务用户的某种交流水平，在Scrum敏捷开发中是有所强调的。

第二部分是业务需求会议的记录。为所有业务需求会议分配的时间都可以缩短，当会议本身采用MP3录音机录音时，需求的质量会得到提升。应该将音频文件发布到wiki上，这样未出席的团队成员就可以追溯了解会议内容，或者在必要之时回顾会议内容。

这样就能召开一个更加敏捷的业务需求会议。当会议录音之时，需要那些吵闹的人员安静下来，除非他们有重要贡献，会对项目目标的实现有所影响。请注意，对于为什么要这么做以及如何做这项工作的解释已经超出了本书的范围，可以访问http://LearnDataVault.com网站，在线观看Data Vault 2.0强化训练课程。

4.4.3　CMMI 与敏捷性的对比

Scrum敏捷开发或者DAD仍然是有必要的，可用于管理个人的冲刺周期或者需要出现的微小型项目。CMMI管理企业的整体目标，为企业范围内的工作提供了基准的一致性，这样IT部门的每个人都具有相同的进度（至少是那些参加了BI项目的人）。

> 应该对敏捷实施进行裁剪以匹配组织的实际成熟度层级。然而，当一个组织位于CMMI第3层级上时，实现敏捷可以减少返工并改进整个CMMI倡议，同时提供显著的敏捷效益。实现一个遵循CMMI的软件开发过程（同样也是敏捷的）时，也将引入CMMI所提供的可重复性和可预测性。从设计上来看，敏捷是高度可适应的，因此才能符合所遵循的CMMI软件开发过程，而不需要更改通过敏捷宣言（Agile Manifesto）设定的基本目标。[1]

请记住，团队并不会在某一天自主觉醒并且决定从此之后要变得敏捷。这是一个循序渐进的过程，团队必须不断经受敏捷和Data Vault 2.0方法论中的训练，以实现预期目标。大多数团队在进行Data Vault 2.0训练时，开始都有一个为期七周的冲刺训练周期（如果他们对于前面所说的CMMI和敏捷开发一无所知）。

第二个冲刺训练周期通常可以从七周缩短到六周。如果团队正在热情洋溢地工作，度量他们的生产力，遵循敏捷和Scrum审查过程的情况，那么第三个冲刺训练的周期就可能缩短到大约四周。此时如果团队变得更好了，就可以直接改进为两周。现在，就有了一支可以实现Data Vault 2.0方法论的团队，可以尝试为期一周的冲刺训练。看起来，这个环节并不会成为过程优化的瓶颈了。

但是需要提醒的是，对这些来自CMMI的过程所进行的优化直接与数据仓库建设中的KPA和KPI相关。这也与可重复设计、基于模式的数据集成、基于模式的模型和基于模式的BI建设周期有关系。Data Vault 2.0方法论的价值就在于，它对外提供了各种模式，使团队在启动之初就保持正确方向。

---

① Shelton, C. (2008). Agile and CMMI: Better together. Scrum联盟，7月9日。检索自https://www.scrumalliance.org/community/articles/2008/july/agile-and-cmmi-better-together。

4.4.4　项目管理实践和 SDLC 与 CMMI 和敏捷的对比

这就是说，CMMI并没有讲述如何实现这些目标，它只是讲述了应该把什么做到位。敏捷并没有告诉你需要什么，而是告诉你如何管理人员和生命周期。项目和SDLC组件都是下一阶段必需的，而下一阶段则是基于模式的开发和交付。下一道难题就来自项目管理实践（project management practice，PMP）和SDLC。PMP为通用项目最佳实践奠定了项目基础。

如果团队要努力将敏捷保持到最后、保持在某一层次上，就必须坚持瀑布项目实践。否则，一个项目就无法完成其生命周期并得以推进。根据《项目管理知识体系指南》一书，项目管理框架包含一个项目生命周期，以及五个主要的项目管理过程分组[①]。

(1) 启动

(2) 规划

(3) 执行

(4) 监视和控制

(5) 结束

区别就在于这个"生命周期"现在指定了一个为期两周的冲刺训练，并采用DAD来监督该过程。

有几个组件是关于该过程如何与Data Vault 2.0方法论相适应的。首先，要有主工程，它应该是站在整个企业的视野上的。这一般要包含一项横跨多年的大规模工作（对于大型企业来说）。这些项目通常都会拆分成多个子项目（因为它们应该进行拆分），并且在每6个月的时间段内设定既定目标和任务。

然后，子项目又应该被拆分成两周的冲刺周期（满足敏捷需要）。这种想法的初衷是不要使项目层级变得过高和计划制定过满，而是自始至终采用一个整体性的指南或者安排，提供企业BI解决方案所需的东西。

到了最后，项目经理应该牢牢抓住他们要管理的工作（CMMI），明白如何管理人员（敏捷、Scrum、DAD），明白如何为了实现企业的目标和任务来安排训练，以及如何在整个过程的特定阶段对成败进行度量。否则，如果没有事后的总结或者度量作为依据，也就没有改进或者优化的空间了。

4.4.5　六西格玛和 Data Vault 2.0 方法论

六西格玛的定义如下所示。

六西格玛试图通过识别和去除导致缺陷（错误）的因素来改善过程的质量，并且最小化制造业和业务过程的可变性。它采用了一组质量管理方法（包括统计方法），而且为组织中擅长这些方法的人创建了一种特殊的组织结构（"冠军""黑腰带""绿腰带"

---

① http://encyclopedia.thefreedictionary.com/Project+Management+Professional

和"黄腰带"等)。[1]

对于企业BI项目来说,可以这样解释:在企业数据仓库建设过程中,六西格玛是有关度量和消除可能导致祸患的缺陷的一整套机制。Data Vault 2.0方法论将六西格玛学派的思想与每个冲刺周期中捕获到的指标联系到了一起。(也就是KPI和Scrum审查过程。比如,什么东西坏了?为什么以及怎样才能修好它?)

为了达到企业BI倡议的完全优化(或者完全成熟),所有的小型项目或者微小型冲刺周期也都必须达到完全优化。否则,组织就无法达到CMMI的第5层级。Data Vault 2.0方法论明确了(在某种细节层次上)如何将这些组件关联到一起。

一旦团队确信自己所有的工作都进行了度量、监视和最终的优化,那么采用六西格玛数学方法就可以为业务提供一种置信度评价方法,说明企业BI团队及其整体改进(或者没有改进)的情况。这仅仅是总拥有成本(total cost of ownership,TCO)的一部分,而在降低TCO的同时,也为业务改进了投资回报率(return on investment,ROI)。

Data Vault 2.0方法论为建立一个企业BI解决方案提供了模式、设计成果和可重复的过程,采用了一种高效的度量和应用方式。为了简化敏捷并且改进整体质量,六西格玛试图在团队优化和实施方法方面提供帮助。换言之,没有六西格玛,"更好、更快、更便宜"这句话就无法适用于BI项目。

4.4.6 全质量管理

全质量管理(total quality management,TQM)是最为精华的部分。为了保持企业BI解决方案的各部分处于保养良好和运行平稳的状态,TQM很有必要。TQM是一种锦上添花的做法。事实证明,TQM在Data Vault 2.0方法论中发挥了一些重要作用。在后面的内容中将会介绍和讨论它所起到的这些作用。为了更好地理解TQM,下面给出了其定义。

> 全质量管理包括组织范围内营造和保持某种氛围所需的各种工作,在这种氛围下,组织可以持续改进其交付高质量产品和服务于客户的能力。[2]

Data Vault 2.0方法论整合和对准了TQM的目标和功能,旨在生产出更好、更快和更便宜的BI解决方案。TQM提供的视角与业务用户和企业BI项目力争提供的交付产品相一致。TQM背后的一些基础性要素包括以下几个[3]。

- ❏ 用户关注
- ❏ 全体员工参与(在企业BI团队和业务用户的范围内)
- ❏ 过程聚焦
- ❏ 集成的系统

---

[1] Six Sigma. (n.d.). 维基百科。检索自http://en.wikipedia.org/wiki/Six_Sigma。

[2] Total quality management. (n.d.). 维基百科。检索自http://en.wikipedia.org/wiki/Total_quality_management。

[3] Total Quality Management (TQM). (n.d.). 美国质量协会知识中心。检索自http://asq.org/learn-about-quality/total-quality-management/overview/overview.html。

❑ 战略性和系统性的方法

❑ 持续改进

❑ 基于事实的决策制定

❑ 交流

现在，TQM很显然在数据仓库技术和BI项目的成功与否中发挥了重要作用。正如前面所讲述的，TQM与CMMI、六西格玛、Scrum敏捷开发和DAD所期望的结果是一致的。

Data Vault 2.0方法论是以过程为核心的，它提供了一种集成的系统，也是一种战略性和系统性的方法，它要求全部员工参与，关注客户，而且依赖透明度和相互间的交流。Data Vault 2.0模型实现了基于事实的决策制定，而不是一种基于原理或者主题的决策制定。在其他方面，基于事实的决策制定还会受到在企业BI项目中收集到的KPA和KPI的影响。（别忘了，还有一部分优化是在CMMI的第5层级。）

事实证明，责任制也是TQM的一个必备部分（对于整个系统和数据仓库中的数据来说都是如此）。这是怎么回事呢？因为TQM是聚焦于客户的，客户（在本例中是业务用户）需要为其自己的数据（并不是他们的信息，而是他们的数据）承担责任和保留所有权。

在组织中，以原始数据形态存在并且按照业务键集成的此类数据都存放在Data Vault 2.0数据仓库之中。正是这种对事实的理解必然会将业务用户的注意力吸引到六西格玛指标上，并且随着时间的推移，以量化的方式展现业务的运营感知与业务数据捕获现实之间的差距。

通过向源系统提交变更请求或者与源数据提供商重新协商服务等级协议来弥补上述差距，都是TQM过程的一部分，也是在整个企业中降低TCO并且改善数据质量的一部分。当且仅当业务用户利用统计方法了解到当前业务感知（业务需求）受损的程度和位置后，迫于无奈为自己的数据负责并且决定参与到差距分析（老的形式）时，才会体会到TQM在丰富BI生态系统方面发挥了重要作用。Data Vault 2.0方法论为团队和业务用户在项目中铺设了一条通道，使之按图索骥以达到这些结果。

如果不从业务上采取行动来弥补差距，TQM就蜕变成了简单的数据质量倡议，既无法作出如此重要的贡献，也无法造福于TCO降低战略。改进数据质量以及了解所存在的差距，对于一个企业BI解决方案的整体成功和未来发展极为重要。

4.5　Data Vault 实施介绍

4.5.1　实施概述

面向BI的Data Vault系统提供了实施指南、规则和推荐标准。正如前几节讲述的，定义明确的标准和模式是成功实现敏捷、CMMI、六西格玛和TQM原则的关键。这些标准指导着以下这些实施过程。

❑ 数据模型，查找业务键、设计实体、应用键结构

❑ ETL/ELT装载过程

- ❏ 实时消息传送
- ❏ 信息集市交付过程
- ❏ 信息集市的虚拟化
- ❏ 自动化最佳实践
- ❏ 业务规则，包括软的和硬的
- ❏ 托管式自助服务BI的回写功能

有些管理目标是通过工作实践来实现的。这些工作实践包括满足TQM需求，采用主数据，辅助业务、源系统和企业数据仓库的对准。

在进一步深入之前，有必要明白一点：只有当过程、设计和实现都是基于模式和数据驱动的，才能达到最高层级的优化。

4.5.2　模式的重要性

模式使生活更方便。在企业BI领域中，模式使企业BI得以自动化和发展完善，同时减少了错误和潜在的错误。模式是Data Vault 2.0 BI系统的心跳。当团队接受了这样的理念：创建数据仓库或者BI系统就和创建软件是一样的，那么就有可能将这种思想扩展到模式驱动的设计当中。在《建筑模式语言》（http://en.wikipedia.org/wiki/A_Pattern_Language）一书中，Christopher Alexander为模式给出下面的定义。

模式就是针对在某种上下文中反复出现的问题的一种解决方案。

试想一下，信息技术（information technology，IT）团队是不是经常会说他们需要一种面向装载历史信息的模式，也需要一种面向装载当前信息的模式，还需要另一种面向数据实时装载的模式？也有其他团队声明数据模型的这一部分是针对这样一些原因的，而由于设计规则方面的例外情况，数据模型的其他部分采用了不同方式构建。大多数这样的做法通常都会导致所谓的条件架构（conditional architecture）。

条件架构被定义为一种模式，它仅针对某种通常基于if条件的特殊情形。当这种特殊情形的边界（例如数量、速度或者种类）发生了变化时，这种架构就需要变更。这也正是条件架构这种叫法的由来。

对于构建或者设计一个企业BI解决方案而言，条件架构是一种非常可怕的方式。原因就在于每当规模增加且时限缩短（速度发生变化）时，都需要重新进行设计以调整或者修正设计。这就会导致一个解决方案的成本不断增加，花费越来越多的钱，而且要花费很长时间进行更改。换言之，这会导致一种随时间的推移而改变的脆弱架构。这当然是一种非常糟糕的构造（对于大数据解决方案尤其如此）。

有时候，从商业的角度来看不能或者不准备负担重新建设的成本。这通常是在解决方案被拆毁并且重建（从零开始重新开始建设的方法）的时候。有了Data Vault 2.0模式（包括架构和实施）之后，对于规模增长、速度变化和种类增加等，98%的情况下都可以避免重建架构和重新建设。

拥有基于数学原理的正确模式和设计，意味着团队不会再因为需求的变更而重新设计。

4.5.3 再造工程和大数据

之所以会出现重新建设、重新设计和重建架构，是因为大数据推动了如图4.5.1所示四个轴中的三个。在更小的时间片之内进行更多的处理就要求有一种高度优化的设计。在更小的时间片内进行更多种类的处理同样也需要高度优化的设计。最后，需要在更小的时间片内（你猜有多小）处理更大规模的数据也需要一种高度优化的设计。

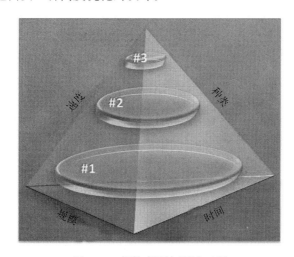

图4.5.1　架构变更与再造工程

对于社区而言，幸运的是，当前经过证实的工作范围内涉及的过程设计是有限的，而且通过利用大规模并行处理技术、无标度网络数学方法和集合逻辑（set logic）等，这些设计既可以用于规模较小的情形，也可以用于规模超大的情形，而无需重新进行设计。

图4.5.1包括四个轴标签：速度、规模、时间和种类。在该图中，速度就是数据到达的速度（也就是到达延迟）；规模就是数据的整体大小（当前到达数据仓库的）；种类就是定义为结构化的、半结构化的、多结构化的和非结构化的数据分类；而时间就是为完成给定任务分配的时间片（例如装载到数据仓库）。让我们通过一个例子来研究这对重新建设甚至是条件架构的影响。

场景1：每24小时到达10行高度结构化的数据（用制表符分隔且列数固定）。要求在6小时的时间窗内将数据装载到数据仓库中。可以将多少不同的架构或者过程设计放在一起来实现这一任务？为了便于讨论，让我们假设有100种可能性（甚至可以通过手工输入数据，或者将数据输入Excel然后再装载到数据库）。该团队选择的设计是手工将数据输入到一个SQL提示框中，形成insert into语句。

现在参数改变了。

场景2：每24小时到达100万行高度结构化的数据（用制表符分隔且列数固定）。要求在4小时的时间窗内将数据装载到数据仓库中。团队是否能够采用同样的"过程设计"

来实现这一任务？答案也许是否定的。团队必须对该过程设计进行重新设计、重新构建、重建架构，以便在分配的时间片内完成任务。

重新设计完成了。团队现在部署了一套ETL工具并且引入逻辑来装载数据集。

场景3：每45分钟到达10亿行高度结构化的数据。要求在40分钟的时间片内将数据装载到数据仓库中（否则到达的数据就会返回）。该团队能够采用他们刚才的同一过程设计来完成这一任务吗？团队可以不进行重新设计就执行这一过程设计吗？同样，回答很可能是否定的。团队必须再次重新设计这一过程，因为这不满足服务等级协议（要求）。这种类型的重新设计一再出现，直到团队在模式上达到了CMMI第5层级的最优化状态。

问题就在于，在图4.5.1中金字塔形状上的任意一个轴发生了任何显著的变化都会导致出现重新设计。唯一的解决方案就是从数学上找到正确的解决方案，不论在时间、规模、速度还是种类上，正确的设计都应该是可伸缩的。令人遗憾的是，这会导致采用不可持续的系统来尝试处理大数据问题（无法成功）。

Data Vault 2.0实施标准将这些设计交付给BI解决方案团队，而不管在此之下的技术因素。应用于该设计的实现或者模式都是用于处理数据集规模的。它们都是基于伸缩性和简明性数学的原理，包括一些集合逻辑、并行计算和分区方面的基础。

参与Data Vault 2.0实施最佳实践的团队将这些设计作为针对大数据系统的成果来继承。通过利用这些模式，团队不再仅仅因为一个或者多个轴上的参数发生变化，而遭受重建架构或者重新设计的折磨。

4.5.4 虚拟化我们的数据集市

不应该再将它们叫作"数据集市"。因为它们为业务提供信息，应该将它们称作"信息集市"。数据、信息、知识和智慧之间是存在区别的，BI社区应该了解这一点。

对不同的人来说，虚拟化的含义有所不同。在本文中，虚拟化被定义为由视图驱动的，而不论是采用关系技术还是非关系技术来实现。视图是在物理数据存储之上建立的数据的逻辑集合（大多数都是结构化的）。请注意，视图可能不再是一个关系表了，它可能是一个键值对存储或者是位于Hadoop中的一个非关系型文件。

虚拟化（或者视图）应用得越多，IT团队对变更的响应就越敏锐和快捷。换言之，物理存储的减少意味着物理管理和维护成本的减少。这也意味着IT团队在实施、测试和发布业务变更反馈方面有了更快的响应时间。

4.5.5 托管式自助服务 BI

很遗憾，"自助服务BI"这个术语正在被市场滥用。1990年，企业信息集成（enterprise information integration，EII）开始应用于联邦查询引擎。现在，这种类型的引擎的用途和使用演变成了云和虚拟化空间。

　　这些厂商的市场宣言之一就是商业用户不再需要一个数据仓库。业界和厂商都已经认识到这根本就不是一个真实的宣言。这在过去不是事实，现在也绝不是事实。数据仓库（和BI系统）对于企业的重要性与作业系统是一样的，因为企业数据仓库能够捕获一个关于历史信息的集成化视图，允许跨多个系统做差异分析。

　　请看图4.5.2。如果你给孩子一些颜料却没有做任何培训和指导，那么这种做法会让孩子成为熟练的艺术家还是让他们搞得一团糟呢？如果孩子已经受过培训，明白如何使用颜料和应该在哪里涂抹，然后给他们提供一些纸和颜料，那么他们很有可能在纸上作画而不是抹得满身都是。

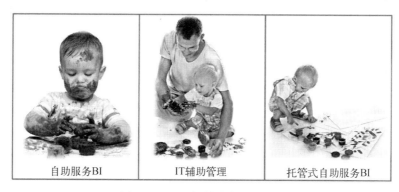

| 自助服务BI | IT辅助管理 | 托管式自助服务BI |

图4.5.2　展示托管式自助服务BI

　　我们可以通过这个例子联系到IT领域。IT界乐见商业的成功。IT应该是支持者，帮助人们用合适的颜料调配出正确的颜色，提供纸张，并且为人们获得信息帮助提供基本说明。

　　市场所认识到的情况是：IT仍然需要准备数据，将其转换成信息，并且使之能够供商业使用。IT也需要确保数据安全并且提供访问路径，对有必要加密的信息进行加密。最后，IT还需要组装数据并且在企业数据仓库中集成历史数据。最终，有必要用到托管式自助服务BI，因为IT必须管理各种信息以及各类业务所用到的系统。

　　Data Vault 2.0为理解在企业项目中如何正确实现托管式自助服务BI提供了基础。它涵盖了面向实现最优化目标的标准和最佳实践。

第5章 作业环境

5.1 作业环境——简史

计算机专业是不够成熟的。这句话并不是对信息技术（information technology，IT）的轻蔑，而只不过是事实罢了。当你把IT专业与其他行业作对比时就会发现，IT专业是根本无法与其他专业相比的。我们今天所使用的罗马街道是两千年前的一位工程师设计的。埃及金字塔中的象形文字是古代的财会人员撰写的，记录了法老王拥有多少谷物。在智利的山峦之中发现了大约有一万年历史的头盖骨，对它的研究表明，至少有一种早期形态的药物在很早之前就已经被人类所使用了。因此，当你将IT专业与工程、财会和医药等专业进行比较时，就会发现它们是根本无法相比的。IT专业与之相比，显得很不成熟。这是不容争辩的历史事实。

5.1.1 计算机的商业应用

计算机最早的用途是在第二次世界大战中用于计算军事问题。计算机的商业应用是从20世纪60年代左右开始的。从那时开始，计算机的商业应用一直都在增长和提高。

计算机早期时候主要关注早期的技术（这也是理所当然的）。在早期时候，人们采用的是纸带、有线电路板，之后又发展到穿孔卡片，如图5.1.1所示。那时候采用的语言是汇编语言（assembler）。很快，人们就认识到编写和调试汇编程序是一个长期而且艰难的过程。很快，出现了更加完善的编程语言，例如COBOL和Fortran。

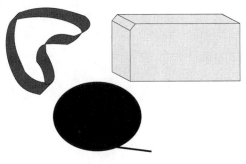

图　5.1.1

很快，人们发现应该建立很多应用程序。最初的应用程序使用计算机来自动处理那些对人工处理来说非常枯燥的工作。最初的应用程序集中在人力资源管理、工资支付和账户收支等方面。

5.1.2 最初的应用程序

图5.1.2描述了早期出现的应用程序。

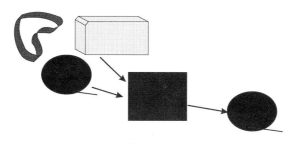

图 5.1.2

当组织发现他们应该编写应用程序时，应用程序很快就变得随处可见了。在应用程序开发的早期阶段，代码编写习惯尚未统一。那时，人们生产的代码难以维护而且通常效率低下。在早期阶段，并没有标准的代码编写规范。每个人都按照自己的意愿编写代码。结果，这样生产的代码非常不稳定。

图5.1.3展示了大量新型的应用程序正在被生产出来。

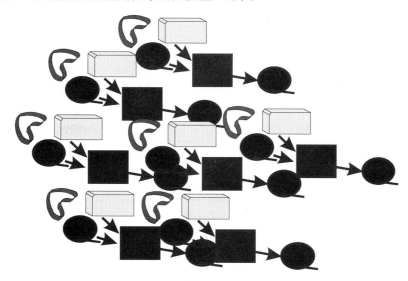

图 5.1.3

5.1.3 Ed Yourdon 和结构化革命

Ed Yourdon和Tom DeMarco在这场竞争中崭露头角。Yourdon意识到，需要为代码创建一些准则，而随后就出现了"结构化"革命。Yourdon从结构化程序设计出发，之后将其规范化的理论应用到系统创建和一般性设计原则当中。这样就诞生了结构化编程和设计。就当时的开发实践水平而言，Yourdon做出了重大贡献，提出了计算机系统应该按照一定规程和准则来进行开发的思想。

5.1.4 系统开发生命周期

结构化革命的重要产品之一就是系统开发生命周期（system development life cycle，SDLC）的思想，如图5.1.4所示。SDLC有时也被称作瀑布型系统开发模式。

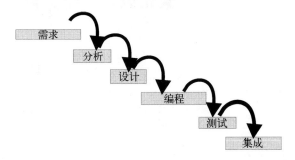

图 5.1.4

5.1.5 磁盘技术

大约在结构化系统开发思想出现的同时，磁盘存储设备问世了。有了磁盘存储器，人们就可以直接存取数据了。在磁盘存储器出现之前，数据都存放在磁带文件中。虽然磁带文件可以保存大量的数据，但是磁带上的所有数据都必须顺序访问。要查找某条记录，你不得不处理整个文件。此外，磁带文件对于长期性的存储数据来说是出了名的不可靠。随着时间的推移，磁带文件会由于氧化而损坏，这就会导致文件无法再使用。图5.1.5给出了磁带文件的符号。

图 5.1.5

由于磁盘存储器可以直接存取数据，要查找一条记录就不再需要访问整个文件了。早期阶段的磁盘存储器是非常昂贵而脆弱的，然而推着时间的推移，磁盘文件的容量、成本和稳定性都有所改进。而且很快，应用程序都开始采用磁盘存储器，不再使用磁带文件了。

图5.1.6展示了人们开始基于可以直接存取数据的磁盘存储器创建应用程序。

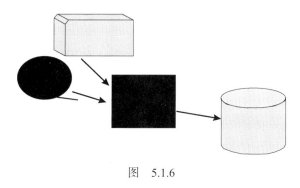

图　5.1.6

5.1.6　进入数据库管理系统时代

这一时期，人们开始在一种名为DBMS的软件的辅助下创建应用程序。DBMS使得应用程序的编程人员可以将精力集中在业务处理逻辑方面。DBMS主要关注如何存放和访问那些存储于磁盘上的数据。

DBMS出现不久之后，人们认识到由于现在可以直接访问数据而不再需要顺序访问数据了，应该建立一种新型的应用程序。人们建立的这种新型的应用程序就是在线事务处理应用程序，如图5.1.7所示。

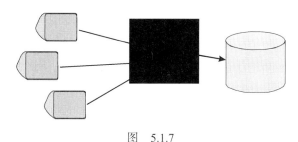

图　5.1.7

在线事务处理应用的出现对于商业有着长期而深远的影响。商业第一次能够将计算机整合到自己的组织结构当中。在在线事务处理出现之前，计算机已经用于商业，但是有了在线事务处理之后，计算机就成为商业日常业务处理的一个常规部分。在线事务处理的突然到来催生了预定系统、银行柜员机系统、ATM系统，以及许许多多类型的商业应用。

5.1.7　响应时间和可用性

随着计算机被整合到商业当中，又出现了一个新的关注点。商业上突然开始关注响应时间和可用性问题。对于业务功能的正确执行，响应时间至关重要。当计算机无法提供恰当的响应时间时，就会直接或者间接地影响商业利益。当计算机崩溃且无法使用时，也会损害商业利益。

在在线处理系统出现之前，响应时间和可用性都还只是理论性的主题，商业上对这些主题也只是表现出一定的兴趣而已。但是在面对在线事务处理系统时，响应时间和可用性开始成为商业的核心关注点。

由于响应时间和可用性重要性的提升，技术上也随之有了重大进步。很快，操作系统、DBMS和其他内部组件都需要具备一定的运行效率，而这在此前是并不需要的。图5.1.8说明技术环境开始变得越来越复杂。

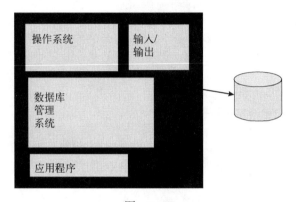

图　5.1.8

还有很多技术上的进步。图5.1.9罗列了早期技术上的一些重大进步。

1960	汇编程序 COBOL 穿孔卡片 主文件 磁带存储 结构化分析、设计 系统开发生命周期 IBM360 HIPO图 数据流程图
1965	CRUD图 功能分解 PLI 磁盘存储
1970	数据库 数据库管理系统 插接兼容计算 精确编程 个人计算机 电子表格 Zachman框架
1975	第四代编程语言技术 维护积压带来的噩梦 蛛网系统 数据通信监视器
1980	事务处理 标准工作单元 每秒最大事务处理
1985	MPP技术 数据仓库
1990	数据集市 维度模型 ERP
1995	.com风靡一时
2000	ETL DW 2.0

图　5.1.9

5.1.8   现代企业计算

今天的企业计算环境是很多次进步叠加的结果。几乎每一次进步都是在已有进步的基础之上所取得的。图5.1.0说明了现代企业和技术的发展情况。

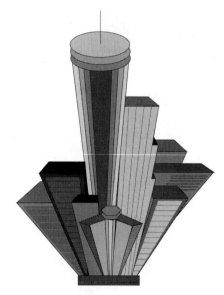

图   5.1.10

5.2   标准工作单元

在线事务处理的核心就在于良好的响应时间。响应时间对于在线事务处理环境并不是一个优选项，而是一个必选项。组织依赖其在线系统来运行日常业务，如果响应时间不理想，就会影响到业务。因此，在在线事务处理领域中，响应时间是绝对的必选项。

5.2.1   响应时间要素

要达到良好的响应时间需要考虑以下多个方面的因素。
- 组织必须采用恰当的技术
- 需要有足够的容量
- 必须对流经系统的工作负载有所了解
- 必须了解要处理的数据

但是仅仅把上述这些项都准备好还并不够。要成功达到良好响应时间的关键就在于一种名为标准工作单元（standard work unit）的东西。图5.2.1展示了与响应时间相关的各种要素，其中包括从事务处理开始到将事务处理结果返回给最终用户这一过程所需的总时间量。图5.2.1显示，当事务处理开始后，将事务处理发送给处理器，处理器开始执行处理，处理器先从外部查找数据，完成数据处理之后再将处理结果反馈给最终用户。所有这些活动通常都会在1秒或者更短的时间内完成。假设所有的活动都会发生，那么就是说每个活动发生后即被完成，速度令人惊讶。

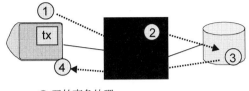

① 开始事务处理
② 事务处理进入执行阶段
③ 访问数据
④ 向用户返回响应

图　5.2.1

5.2.2　沙漏的比喻

要理解如何达到良好的响应时间，有必要先来研究一下沙漏。请看图5.2.2所示的沙漏。

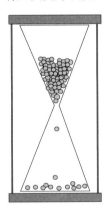

图　5.2.2

当你观察通过沙漏的沙子时，会发现沙子流动的节奏平稳而连续。总的来看，沙子的流动是非常高效的。沙粒是怎样以如此高效的方式流过沙漏的呢？图5.2.3展示了沙粒是如何流经沙漏中部的。沙粒能够连续流过沙漏的原因之一（除了重力因素之外）是沙粒较小且大小均匀。如果在沙粒中间又加入了一些鹅卵石，如图5.2.4所示，试想情况又将如何。显然，将鹅卵石放入沙漏之后，会对沙子的流动造成干扰，致使沙子的流动低效且不稳定。

经过在线系统处理的事务在很多方面都与沙粒非常相似。只要事务的规模小而且均匀，那么系统的效率就会非常高。但是当在线事务处理系统的工作负载中存在大型事务和小型事务混杂的情形时，该流程就变得非常混杂而低效。当该流程效率低下时，结果就会导致糟糕的响应时间。

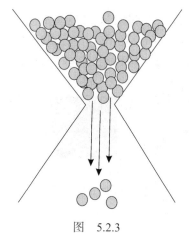

图   5.2.3

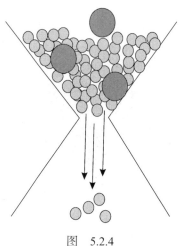

图   5.2.4

5.2.3   车道的比喻

图5.2.5以另一种方式表达了同样的道理。

在图5.2.5中给出了一条带有不同工作负载的道路。你可以将其视为一条有很多车辆在跑的道路。路上的车都开得非常快而且大小一致。它们可以达到非常高的速度。这样的道路就好比是印第安纳波利斯或者戴通纳的老砖道，路上跑的车全都是保时捷和法拉利。在这样的道路上一切都极为高效。

图   5.2.5

现在试想一下图5.2.6所描述的另一种道路状况。在这种道路上既有小型而快速的汽车，也有一些半挂卡车。这就像是交通高峰期的墨西哥城。这种道路上一切都很慢。

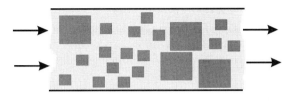

图　5.2.6

这两种情况下所能达到的速度是存在明显差别的。在第一种车道上可以达到非常高的速率。在另一种车道上则只能达到非常低的速率。大型车辆使得所有车辆的速度都慢了下来。

5.2.4　你的车跑得跟前面的车一样快

还有另一种思维方式来看待所能达到的速度，这就是认为你所乘坐的车辆和你前面的车辆是一样慢的。如果在你前面的是大型慢速车辆，那么你也已经达到了最佳速度。

在在线事务处理环境中要达到很好的速度和效率，就应该只允许规模小且能够快速移动的事务进入系统。

一个在线事务的规模是按照该事务所访问的数据量以及该事务是否需要更新来度量的。更新一个事务确实会对更新过程中锁定的记录量产生影响。一般来说，在事务处理执行过程中，在线DBMS锁定的记录也可能会被更新。

图5.2.7展示了"大型"在线事务和"小型"在线事务的构成。

读入10 000条记录
更新记录

读入3条记录
无更新

图　5.2.7

5.2.5　标准工作单元

标准工作单元的定义中包含了事务时间。也就是说，要达到良好、一致的在线事务时间，系统中运行的每个事务都要规模较小而且均匀。

5.2.6　服务等级协议

与标准工作单元相关的概念是服务等级协议（service level agreement，SLA）。一个SLA规定了在线事务处理环境中性能和服务可接受的等级。典型的SLA如下例所示。

- ❏ 周一到周五上午7:30到下午5:30之间的时段。
- ❏ 所有的事务处理都在3秒之内执行完毕。
- ❏ 服务中断时间不大于5分钟。

SLA包含平均响应时间和系统可用性，而且SLA仅涵盖工作时间。在计算机运行的工作时间之外，操作人员可以自由安排其他需要使用计算机完成的工作，比如运行大型统计程序、进行维护、运行数据库应用程序，等等。

5.3   面向结构化环境的数据建模

结构化环境中包含了大量复杂的数据，这些数据的组织和安排具有很多种可能性。在结构化环境中，分析师有机会按照自己的需求来塑造数据。也正是由于可以以多种方式来塑造数据，组织需要一个路线图，以便指导组织开展塑造数据的工作。

5.3.1   路线图的作用

路线图有以下几个重要作用。

- ❏ 路线图可以为组织的发展指明方向。
- ❏ 对于那些日程安排不同但又必须建立协同工作关系的人来说，路线图可以为不同人群提供指南。
- ❏ 随着时间的推移，路线图可以使大型的工作保持不间断。
- ❏ 路线图可以为那些最后必须使用最终产品的最终用户提供指南。

复杂的大型组织需要数据模型是有多方面原因的。需要建模的数据通常是那些处于企业业务核心位置的数据。而且数据模型是围绕组织业务的核心内容来进行塑造的。

5.3.2   只要粒度化的数据

数据模型仅仅是围绕着组织中粒度化的细节数据来塑造的。当数据建模师允许汇总数据或者合计数据进入数据模型，那么就会发生一些不好的事情。当允许汇总数据或合计数据进入模型时，会出现以下这些情况。

- ❏ 需要对海量数据进行建模。
- ❏ 计算汇总数据的公式变化很快，要比建模师创建和变更模型的速度更快。
- ❏ 不同的人群采用了不同的计算公式。

创建数据模型的第一步是从数据模型中删除所有推导出来的数据（即汇总数据或合计数据），如图5.3.1所示。

当识别出粒度化的数据之后，下一步就是对数据进行"抽象"。需要将数据抽象到其有意义的最高层级。

这里给出一个抽象过程的示例。假设一个企业有女性客户、男性客户、外籍客户、企业客户以及政府客户。在数据模型中创建一个名为"客户"的实体，它把所有不同类型的客户都包括在内了。

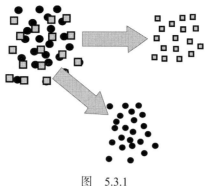

图　5.3.1

也可以假设公司能够生产跑车、轿车、SUV和卡车。可以在数据模型中将这些数据抽象成一个"车辆"实体。

5.3.3　实体关系图

数据模型最高层次的抽象叫作实体关系图（entity relationship diagram，ERD）。ERD反映了数据在有意义的最高层级上的抽象。当组织的实体确定之后，还要确定这些实体之间的关系。图5.3.2中的图形象征了ERD中的实体和关系。

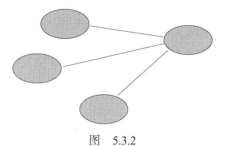

图　5.3.2

例如，对于制造业公司的ERD示例来说，其ERD如图5.3.3所示。

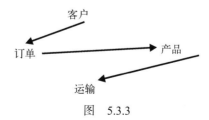

图　5.3.3

作为对数据模型的一种高层级的说明，ERD很重要。然而，除非必要，在ERD这一层面上体现的细节一般非常少。

5.3.4   数据项集

数据模型的下一层级具有更多的细节。模型的这一层级叫作数据项集（data item set，DIS）。
　　ERD中确定的每一个实体都有其自己的DIS。在如图5.3.3所示的简单例子中，有一个针对客户的DIS，一个针对订单的DIS，一个针对产品的DIS，以及一个针对运输的DIS。DIS中包含了键和属性，而且DIS展现了数据的组织情况。图5.3.4象征了一个简单的DIS。

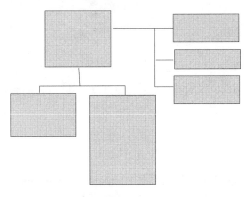

图　5.3.4

　　DIS的基本构造是一个方框。方框中是一些相互之间存在紧密关联关系或从属关系的数据要素。各个数据分组之间不同的连线也有一定含义。向下的直线表示数据会多次出现。向右的直线表示一种不同类型的数据。
　　DIS的一个简单示例如图5.3.5所示。锚定数据或者说基础数据是由图中位于左上方的数据框表示的。锚定数据框说明直接与该方框的键相关的数据是描述、度量单位、单位生产成本、包装大小、包装重量等。对每个产品而言，数据要素出现且仅出现一次。

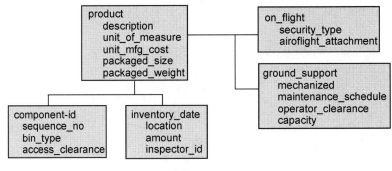

图　5.3.5

　　锚定数据框的下面是可多次出现的数据。组件ID就是这样一个数据分组，每个产品可以有多个组件。另一个独立于组件ID的数据分组是库存日期和地点。产品可以在不同的日期存放于多个地点。

锚定数据框向右的连线表示不同的数据类型。在本例中，一种产品既可以用于飞行，也可以用于地面支持。

DIS说明了实体的键、属性和关系。

5.3.5　物理数据库设计

当创建了DIS之后，就要对所创建的DIS进行物理设计。DIS中的每一个数据分组都会产生一个单独的数据库设计。图5.3.6展示的数据库设计源自DIS中的数据分组设计。

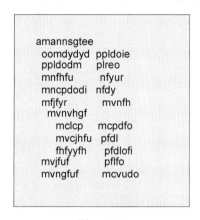

图　5.3.6

物理数据库设计要考虑数据的物理结构、数据的物理特征、键的规范、索引的规范等。数据的物理规范的结果就是产生一个数据库设计，如图5.3.7所示。

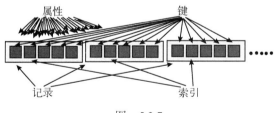

图　5.3.7

数据库设计的要素包括键、属性、记录和索引。

5.3.6　关联数据模型的不同层次

数据模型的不同层次与世界上现有地图的不同图层类似。图5.3.8展示了不同图层之间的关联关系：ERD相当于针对全世界绘制的一个地球仪，DIS相当于得克萨斯州的地图，而物理数据库设计则相当于得克萨斯州达拉斯的城市地图。地球仪（ERD）是完整的，但是不够详细。得克萨斯州的地图（DIS）是不完整的，因为你无法通过一份得克萨斯州的地图来查找往返芝加哥的道路。但是得克萨斯州的地图要比地球仪有更多的细节信息。达拉斯城市地图（物理数据模型）则更加不完整。使用达拉斯城市地图，无法查找从埃尔帕索城（得克萨斯州城市）到米德兰（得克萨斯州城市）的道路。但是与得克萨斯州的地图相比，达拉斯城市地图也有更加详细的信息。

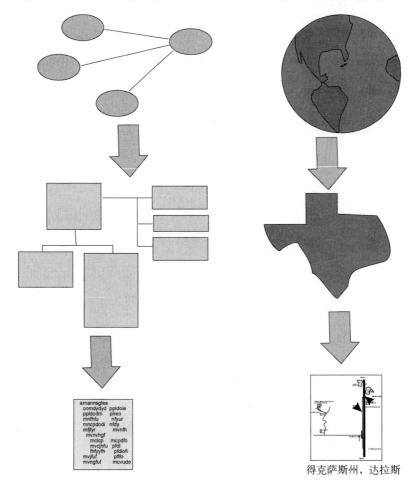

得克萨斯州，达拉斯

图   5.3.8

5.3.7 数据联动的示例

图5.3.9展示了数据模型的不同形式之间实现完全联动的情形。

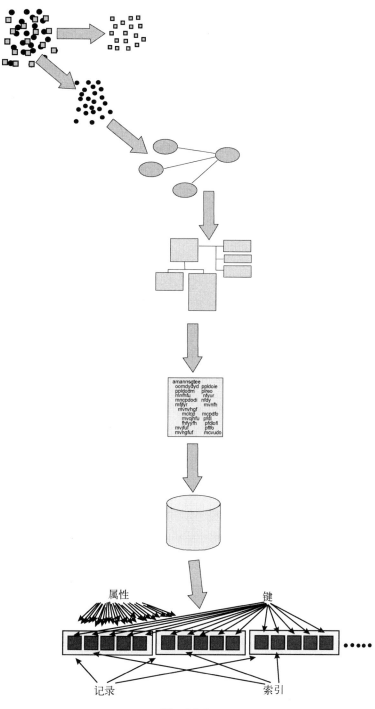

图 5.3.9

5.3.8 通用数据模型

人们注意到，当一个数据模型创建之后，它经常会被应用到同一行业的多个公司。例如一家名为ABC的银行创建了一个数据模型。之后的某一天就会发现，用于ABC银行的数据模型与用于BCD银行、CDE银行和DEF银行的数据模型都非常相似。

由于在同一行业中数据模型存在很大的相似性，出现了一种名为通用数据模型（generic data model）的模型。通用数据模型背后的思想在于，采用一个通用数据模型要比从零开始建立一个数据模型成本更低而且更加快捷。当然，任何通用数据模型都需要再次进行定制。但是即使需要根据具体业务进行定制，使用通用数据模型仍然要比自己创建数据模型更可取。

5.3.9 作业数据模型和数据仓库数据模型

数据模型有多种不同类型，其中包括作业数据模型和数据仓库数据模型。作业数据模型是一种面向企业日常生产作业的数据模型，而数据仓库数据模型是一种基于组织信息需求的数据模型。作业数据模型中仅含有一些作业处理所需要的信息，例如某个特定的电话号码等。数据仓库数据模型并不包括专门面向作业处理的数据。数据仓库数据模型不包含任何汇总数据。在数据仓库的数据模型中，每一条记录都带有一个时间戳。

5.4 元数据

元数据的经典定义就是"关于数据的数据"。实际上，元数据是定义操作系统、数据库管理系统和应用程序中数据的重要特征的描述性数据。当敲定设计方案并且确定数据库是什么样子之后，设计人员就需要建立数据库的元数据定义了。

5.4.1 典型元数据

数据库的典型元数据包括以下各项的定义。
- 表名
- 属性
- 属性的物理特征
- 键
- 索引和有关系统中数据的其他描述性信息

图5.4.1展示了以元数据形式存储的数据库定义。

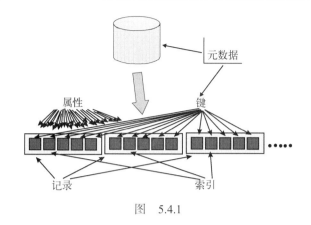

图　5.4.1

5.4.2　存储库

　　元数据一般存放在*存储库*（repository）当中。存储库的种类有很多种。有些存储库是数据库的扩展，而且是由DBMS来进行管理的；而其他一些存储库则是商用产品，是在DBMS外部进行管理的。有些存储库是被动式的，因为它们在开发过程中并不以交互方式使用；另一些存储库则是主动式的，因为它们是构成整个开发过程的一个组成部分。

　　图5.4.2展现了存储于存储库当中的元数据。图5.4.3给出的简单例子说明了存储库中可能存储什么样的数据。

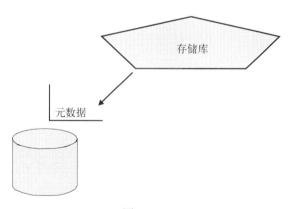

图　5.4.2

图   5.4.3

图5.4.3展示了一个定义好的表。与该表在一起的还有表的属性、表的物理特征以及定义的键和索引。

图5.4.4描述了在定义表时所需的其他事项，对数据模型所属的实体也进行了定义。

图   5.4.4

5.4.3   使用元数据

元数据的用处有很多。组织中有很多群体会用到元数据。元数据的一些主要用户包括开发群体、数据管理群体和最终用户群体。

开发群体使用元数据来确定新系统如何与已有的旧系统进行交互。数据管理群体使用元数据来确定如何对数据模型进行更改。如果存在一个新的数据模型，则用其来确定如何使新的数据模型适应旧的数据模型。最终用户群体使用元数据来辅助查询的创建。元数据的使用如图5.4.5所示。

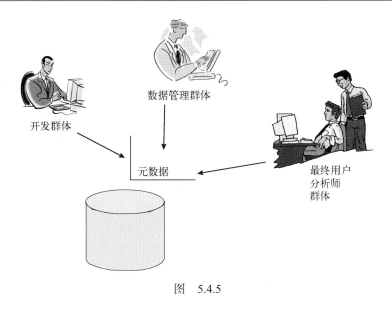

图 5.4.5

最终用户群体会以多种方式来使用元数据。最简单的方式是使用元数据来指导最终用户，告诉用户系统中存在哪些数据，以及如何在查询处理中使用这些数据。

5.4.4 元数据用于分析

元数据还有其他一些用途。元数据的另一种用法是用于确定一个查询是否有必要执行。有时，最终用户会发现他们要查找的数据早已经存在于另一个报表或者数据库中。元数据可以简化操作，使最终用户避免执行一些不必要的查询。

图5.4.6说明最终用户将元数据视为分析过程的一部分。

图 5.4.6

5.4.5   查看多个系统

元数据的另一种用法是作为确定如何使多个系统协作的基础。有时,组织需要跨多个系统查看信息。研究每个系统中描述该系统的元数据就是一个很好的出发点,如图5.4.7所示。

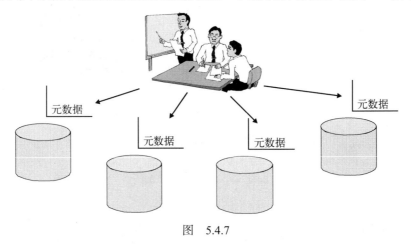

图   5.4.7

5.4.6   数据谱系

元数据在分析过程中的另一种用途是作为理解数据谱系的基础。有时,分析师找到了一些看起来比较适合使用的数据,但是为了确定这一点,分析师需要知道这些数据的来源。通常会发现,从这些数据最初进入企业时算起,它们已经经过了若干次变换和若干次计算。

回看和追踪数据的起源被称为查看数据的谱系。元数据是理解数据谱系的起点,如图5.4.8所示。

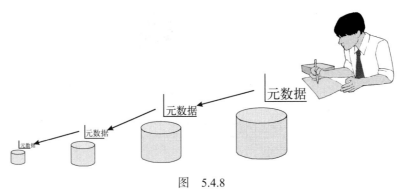

图   5.4.8

5.4.7   比较已有系统和待建系统

元数据的另一种重要用途是用于对新的待建系统和已有系统作对比。有时待建系统是内部自行构建的，有时待建系统是通过购买或者其他方式获得的。要了解这两种系统的对比情况，一种很好的方式就是查看其元数据。图5.4.9展示了如何通过查验各个系统的元数据来进行系统的比较。

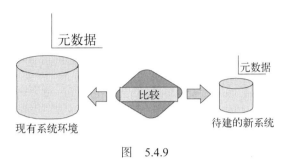

图　5.4.9

5.5　结构化数据的数据治理

由于多种原因，大型企业中的数据最终都是不够完美的。而且当数据开始乱作一团的时候，企业就会发现自己基于这样的数据进行决策简直就是一个错误。当有一天，数据已经糟糕到一定程度，企业决定要对这些不正确的数据采取措施的时候，就会采用一种名为数据治理（data governance）的实践方法。

5.5.1　企业活动

数据治理是一项企业范围的活动，通常从企业的某一个部门开始，但是随着数据的改良，数据治理活动就会发展成一项整个组织都要参与的活动了。图5.5.1指出数据治理是组织的一项首要活动。

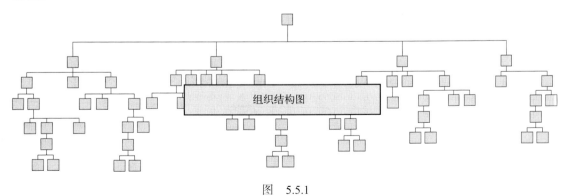

图　5.5.1

5.5.2 数据治理的动机

组织参与数据治理活动存在多方面原因。有时企业只是因为其使用的是不良数据。但是有时也会有一些外部驱动力促使企业启动一个数据治理计划。

促使组织进行数据治理的一些外部驱动因素包括萨班斯-奥克斯利法案、巴塞尔新资本协议和健康保险流通与责任法案等，如图5.5.2所示。

萨班斯-奥克斯利法案
巴塞尔新资本协议
健康保险流通与责任法案
等等

图　5.5.2

5.5.3 修复数据

数据治理的本质是"修复"损坏的数据。为了修复数据，首先需要知道这些数据是怎么损坏的。实际上，导致数据损坏的原因有以下很多种。

- ❑ 同一数据有多种混杂的定义。
- ❑ 数据根本就不是集成的，或者说集成得不正确。
- ❑ 未能正确进行数据的获取。
- ❑ 没有正确定义和强制执行的记录系统。
- ❑ 计算和算法的创建不正确。
- ❑ 业务需求发生变化而数据并未发生变化。

无论导致不正确数据的原因如何，数据治理的任务都是理解数据并且修正其中存在的问题。图5.5.3说明数据治理的任务就是进行数据修复。

修复数据

图　5.5.3

当然，数据修复工作取决于可能存在的问题。而且修正数据似乎一开始就是非常艰巨的任务，尤其对大型组织来说更是如此。

数据修复一般始于对问题的确定。当问题明确之后，就（至少）需要完成以下三个步骤。

☐ 需要重新定义数据。

☐ 需要重新为系统指定数据。

☐ 需要对支持数据的代码进行修改。

在完成上述所有工作之后，还要考虑是否要回过头来对那些已经写入但需要处理的数据进行修复。此时，修复数据的过程仅从重新定义数据的活动开始。

5.5.4 粒度化的详细数据

修复数据的任务并没有看起来那么艰巨，至少乍一看是这样。首先可以发现，数据治理几乎是专门应用于（或者说应该应用于）组织的粒度化详细数据的。如果企业粒度化的详细数据是不正确的，那么从中推导出来的数据也是不正确的。因此，将着眼点放在企业粒度化的详细数据上至少是"修复"企业数据的一个起点。

图5.5.4说明，将粒度化数据从推导出来的汇总数据中区分出来是数据治理计划的起点。

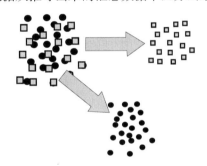

将粒度化数据与推导数据分开

图　5.5.4

5.5.5 编制文档

另一个步骤是为需要进行的变更编制文档。应该开展文档编制工作，这样企业中的每个人都可以访问这些文档。图5.5.5说明了文档编制方面的需求。

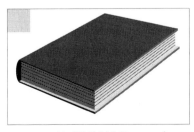

为系统编制文档

图　5.5.5

另一个重要的步骤是识别和确认合适的主题域问题专家（subject matter expert，SME）和数据主管（data steward）。数据主管的职责就是负责确认什么样的数据是正确的，什么样的数据是错误的，以及对于不正确的数据应该做哪些处理。通常，数据主管在企业中还兼任其他职能性的职责，而且数据主管的工作并不是一项专职活动。

5.5.6 数据主管岗位

图5.5.6展示了数据主管和SME的识别和确认。

SME和数据主管

图   5.5.6

请注意，数据治理是一项持续性的工作。通常，大部分数据都会在数据治理工作的初期阶段就得以修正。但是仍然需要周期性地检查数据，并且与数据主管和主题域问题专家进行交互，如图5.5.7所示。

一项持续性工作

图   5.5.7

和其他项目一样，数据治理也需要管理。管理数据治理工作的基石就是顶层管理的认识和支持。没有顶层管理的支持，数据治理就注定会变成一场幕后的、针对文员的练习。

图5.5.8说明需要对数据治理工作进行管理。

管理数据
治理项目

图   5.5.8

5

第6章

数据架构

6.1 数据架构简史

第一个计算机程序诞生之后，数据也随之而来。很多时候，数据都是支持计算机"引擎"运转的"汽油"。人们使用、塑造和存储数据的方式不断发展，到现在为止实际上已经形成了一个名为数据架构（data architecture）的研究领域。

正如我们将看到的，数据架构包含很多方面，这是因为数据非常复杂。下面是数据架构最有意义的四个方面。

(1) 数据的物理表现形式

(2) 数据的逻辑联系

(3) 数据的内部格式

(4) 数据的文件结构

上述有关数据的各个方面相互依存，并且随着时间的推移而不断发展。根据数据架构在这些方面的发展历程，可以很好地解释数据架构。数据架构的演进过程如图6.1.1所示。

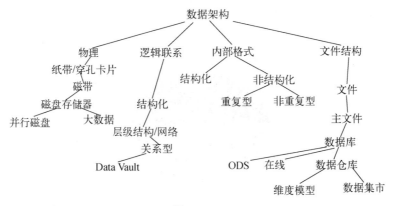

图　6.1.1

至今发生的最简单的演进（在很多地方都有所阐述）就是存储数据的介质所发生的物理演进。图6.1.2说明了这一被大量文献记载的演进过程。

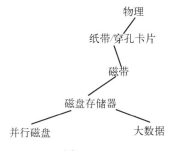

图　6.1.2

计算机行业的历史可以追溯到纸带和穿孔卡片。在早期的时候，数据都是以纸带和穿孔卡片的形式存储的。纸带和穿孔卡片的价值就在于其很容易创建存储。但是纸带和穿孔卡片也存在很多问题。霍尔瑞斯（Hollerith）穿孔卡片只有固定的格式（所有数据都存储在80列中）。卡片容易被丢弃和污损，而且卡片无法被再次穿孔，价格昂贵。

图6.1.3展示了作为早期数据存储机制的穿孔卡片和纸带。

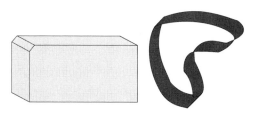

图　6.1.3

卡片上只能存储少量数据。很快，人们就开始需要一种替代穿孔卡片的存储方式。接下来就出现了磁带存储。磁带能够存储的数据要比穿孔卡片所能存储的数据多得多。而且磁带并不仅限于穿孔卡片那种单一格式。但是磁带也有一些重要的缺陷：如果要查找磁带文件上的数据，就必须扫描整个文件。而且由于氧化方面的原因，磁带文件非常不稳定。

图6.1.4象征了磁带文件。

图　6.1.4

相对于穿孔卡片而言，磁带文件已经有了巨大的飞跃，但是磁带文件也有其自身的严重缺陷。在磁带文件之后，又出现了磁盘存储器。有了磁盘存储器之后就可以直接存取数据了。这样，要查找单个记录时就不再需要搜索整个文件了。

早期形态的磁盘存储器价格昂贵、速度很慢，而且存储容量也相对较小。但是很快，制造成本明显降低，存储容量不断增加，而存取速度有所下降。对于磁带文件而言，磁盘存储器是一种优越的替代技术。

图6.1.5象征了磁盘存储器。

图   6.1.5

对于数据量的需求开始急速上升。很快，就有需要采用并行方式来管理磁盘存储器了。通过并行方式来管理磁盘存储器，能够控制的数据量也显著增加。存储器的并行管理并没有增加单个磁盘所能管理的数据量。相反，并行化数据存储缩短了访问和管理存储器所需花费的总时间。

图6.1.6展示了存储器的并行管理。

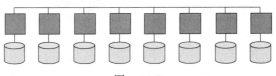

图   6.1.6

此外，随着大数据这种形式的出现，磁盘上所能够管理的数据量也有了另一方面的增加。大数据实际上只是另一种形式的并行化。但是有了大数据之后，就可以在增加较低单位成本的同时管理更多的数据。

图6.1.7展示了大数据。

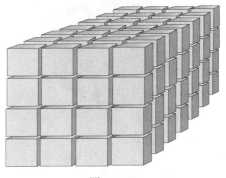

图   6.1.7

　　之后又过了几年，单位存储器上所能管理的数据总量出现了惊人的下降，这与存取数据在发展过程中曾经增加的速度大体相当。但是数据的物理存储并不仅仅是唯一发生演进的。另一个同时发生的演进是数据的逻辑组织方式。在物理上存储数据是一回事，而从逻辑上组织数据并使之能够被轻松而合理地存取则是另一回事。

　　图6.1.8说明了数据逻辑组织方式的演化阶段。

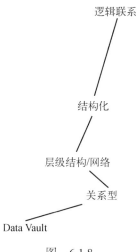

图　　6.1.8

　　在最早的时候，数据几乎是以一种随机的方式进行逻辑组织的。每个程序员和每个设计者都是在"做自己的事情"。在数据的逻辑组织方面，要说整个领域都处于一片混乱之中一点都不为过。

　　Ed Yourdon和Tom DeMarco涉足了这片混乱的领域。Yourdon采用了一种名叫"结构化"方法的思想。（请注意，Yourdon所使用的术语"结构化"与描述数据内部格式的同一术语并不相同。当Yourdon使用术语"结构化"之时，他指的是一种规划信息系统的逻辑方式和组织方式。）Yourdon提到了程序设计实践、系统设计和信息系统的其他一些方面。术语"结构化"也用于描述数据的内部格式。虽然上述两种情况所使用的术语相同，但是它们的含义却有很大差异。

　　在Yourdon的结构化系统方法中，结构的特征之一就是如何从逻辑上组织数据要素，进而为信息系统的建立创建一种严格规范的系统方法。在Yourdon之前，也有很多针对数据逻辑组织的模式。

　　图6.1.9用符号描述了Yourdon的结构化程序设计与开发方法。

　　不久之后，就出现了采用DBMS从逻辑上组织数据的想法。有了DBMS，采用层级结构或者网络结构组织数据的想法随之而来。IBM的IMS就采用了一种早期的层级结构数据组织方式。Cullinet的IDMS则是以网络形式组织数据的一种早期形式。

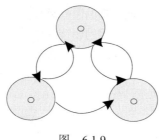

图   6.1.9

在层级结构的数据组织中涉及父/子关系的概念。一个父节点可以有0个或者更多的子节点，而一个子节点必须有一个父节点。图6.1.10描述的图示中展现了父/子关系和一种网络化的关系。

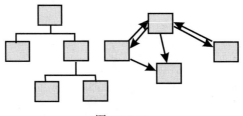

图   6.1.10

DBMS对于组织数据非常有用，既可以用于批处理也可以用于在线事务处理。目前建立的很多系统都在DBMS环境下创建日常事务处理。

很快，另一种从逻辑上组织数据的思想出现了。这种方法就是采用一种名为关系数据库管理系统的方式来组织数据。

在关系数据库管理系统中，数据都是"规范化"的。规范化意味着每个表都有一个主键，而且表中各属性的存在都依赖表的键。通过键/外键关系的方式，表与表之间也可以相互进行关联。这样在访问表时，可以将恰当的键与外键相配对来对表执行"联接"操作。图6.1.11展示了一个关系表。

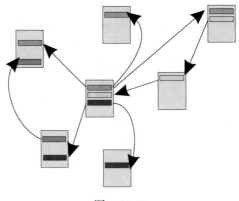

图   6.1.11

数据的逻辑组织同样有意义而且重要，但是它也并不是数据架构的唯一方面。

数据架构的另一个方面是数据的内部格式。当你在研究数据的逻辑组织时会发现，DBMS仅可以应用于"结构化"数据。结构化数据意味着存在某种方式可以让计算机理解数据的组织方式。结构化方式的数据组织可以应用在企业的很多方面。结构化方式可以用于组织客户信息、产品信息、销售信息、财务信息等。结构化方式还可以用于捕获事务处理方面的信息。

非结构化方式是指数据并未以计算机所能理解的形式进行组织。非结构化方式适用于图片、音频信息、卫星下载文件等。但是毫无疑问，非结构化方式最大的应用就是文本数据。

图6.1.12给出了数据内部格式的演化过程。

图 6.1.12

结构化方式意味着数据的组织足够使之定义为一个DBMS。一般来说，DBMS包括数据属性、键、索引和数据记录。当装载数据时，数据的模式（schema）是确定的。实际上，数据的内容以及它在模式中的位置决定了数据从何处装载以及如何装载。

图6.1.13展示了以某种结构化格式装载数据的情形。

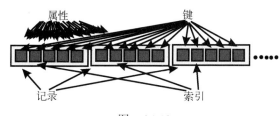

图 6.1.13

非结构化的数据内部组织包括各种数据。这里会涉及多种数据。非结构化的数据内部组织包括邮件、文档、电子表格、模拟数据、日志磁带数据和其他多种样式的数据。图6.1.14展示了非结构化内部组织的数据。非结构化数据基本上可以划分为重复型数据和非重复型数据。重复型非结构化数据就是以很多记录组织的数据，这些记录在结构和内容上都非常相似，甚至完全相同。图6.1.15展示了重复型非结构化数据。

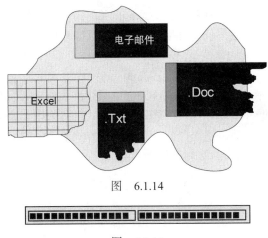

图　6.1.14

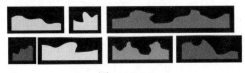

图　6.1.15

非结构化环境中的另一种数据是非重复型数据。非重复型数据的一条数据记录与另一条数据记录之间并没有相关性。如果在非重复环境下的两条数据记录中存在相似数据，那绝对是随机事件。图6.1.16描述了非重复型非结构化环境。

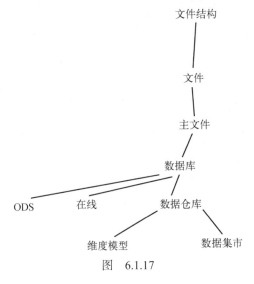

图　6.1.16

数据的另一个方面是数据的文件组织。从非常简单的文件组织算起，现在已经演进到了非常精细而复杂的数据组织。图6.1.17展示了数据的文件结构的演化过程。

文件结构

文件

主文件

数据库

ODS　　在线　　数据仓库

维度模型　　数据集市

图　6.1.17

在很早以前，文件的组织粗糙而简单。很快，技术产品的厂商认识到他们需要一种更加正规的方法。因此产生了简单文件，如图6.1.18所示。这些文件是简单的数据集，设计师认为应该怎么组织这些数据，就可以将它们组织成什么样。几乎在所有的用例中，文件都是围绕应用需求进行优化设计的。

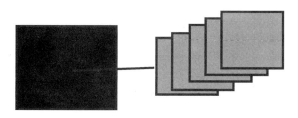

图 6.1.18

但是很快，人们发现多个应用程序收集的信息经常是相同的或者非常相似。人们意识到重复性的劳动既浪费又会造成收集和管理的数据出现冗余。解决方案就是创建一种主文件。主文件为采用一种非冗余的方式收集数据提供了场所。图6.1.19展示了一个主文件。

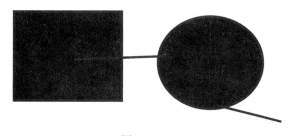

图 6.1.19

主文件是一种很好的想法而且很有效。唯一的问题就是主文件是存放在磁带文件上的，而磁带文件用起来很不方便。很快，主文件的思想又演进到数据库的思想。至此，产生了数据库的概念，如图6.1.20所示。

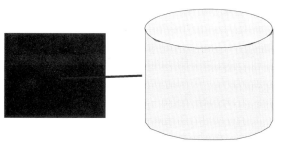

图 6.1.20

数据库的早期概念是"一个将面向某一主题域的所有数据存放到一起的地方"。在大量数据仍然以文件和主文件的形式存放的时期，数据库的思想非常有吸引力。倘若在数据库中还可以访问磁盘上的数据，那么数据库的思想就尤其具有吸引力了。

然而很快，数据库概念又演变出在线数据库概念。在在线数据库概念中，不仅可以直接访问数据，还能以实时、在线的方式来访问数据。可以随着业务需求的变更来以在线、实时的方式来添加、删除和改动数据。图6.1.21描述了在线、实时的环境。

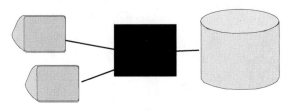

图   6.1.21

在线数据库环境向此前无法进行任何交互的那部分业务开放了计算能力。很快，应用程序就随处可见了。不久之后，这些应用就形成了所谓的"蛛网"环境。

在蛛网环境下就产生了对数据完整性的需求。很快，数据仓库的概念出现了。图6.1.22说明了数据仓库的出现。

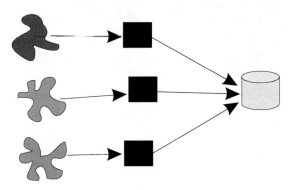

图   6.1.22

数据仓库为组织提供了"事实的唯一版本"。现在，数据的核对已经有了一定基础。有了数据仓库，组织第一次拥有了存储和使用历史数据的场所。数据仓库向着企业级信息处理系统的方向迈出了重要的一步。

数据架构还需要其他要素，它们与数据仓库一样重要。很快，人们认识到需要一条联系数据仓库和事务处理系统的纽带。因此就出现了作业数据存储（ODS）。图6.1.23展示了ODS。

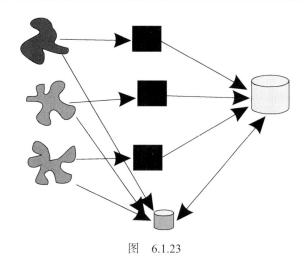

图 6.1.23

ODS是一个对企业数据进行在线高性能处理的场所。尽管并不是每一个组织都需要ODS，但是有很多组织确实需要它。

在数据仓库诞生之时，人们意识到组织需要一个场所，使每个部门能够根据自己独特的分析需求从中查找数据。为此，在分析环境中引入了数据集市，或者说维度模型。

图6.1.24展示了星型联接，它是数据集市的基础。

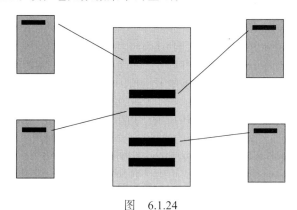

图 6.1.24

此后，人们认识到仅有维度模型还不够，还需要对数据集市进行更加正式的处理。因此，人们创建了从属数据集市的概念。图6.1.25展示了从属数据集市。

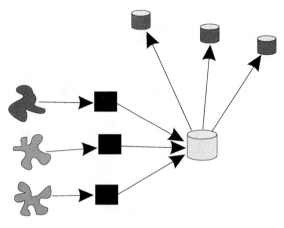

图   6.1.25

上面讲述的这些演进过程并不是各自独立发生的，而是同时发生的。实际上在发展过程中，某些层面上的演进也会依赖其他层面上出现的演进。例如，如果没有支持在线处理的相关技术的发展，在线数据库的演进就不可能发生。同样，只有当存储成本降低到了可以负担的程度，才有可能演变到数据仓库。

6.2   大数据/已有系统的接口

信息系统面临的挑战之一就是确定它们是如何整合到一起的，特别是大数据与已有的系统环境又有什么关系呢？毫无疑问，大数据给组织带来了新的信息和决策机会；而且毫无疑问，大数据也有着巨大的潜力。但是大数据并不是已有系统环境的替代品。实际上，大数据完成的是一项任务，而已有系统环境要完成的是另一项任务。它们（应该）是互为补充的。

那么，大数据到底该如何与已有系统环境进行接口和交互呢？

6.2.1   大数据/已有系统的接口

图6.2.1给出了大数据与已有系统相互接口的推荐方式，以及大数据与已有系统环境之间的整体系统流程。稍后会对其中的每个接口进行详细介绍。

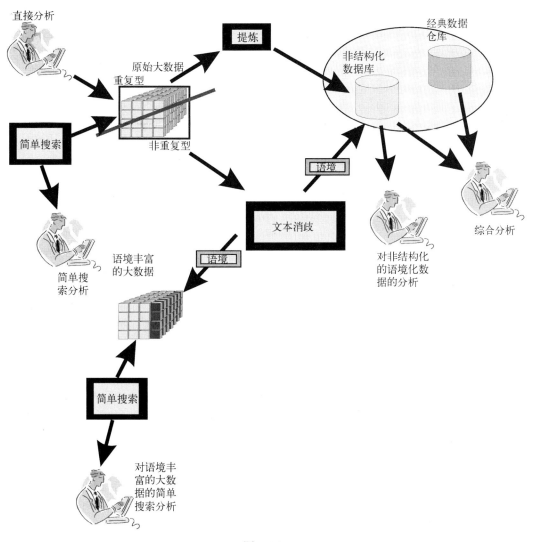

图 6.2.1

原始大数据可以划分为两个不同的部分（参见1.3.1节的内容），即重复型原始大数据和非重复型原始大数据。重复型原始大数据在处理方式上与非重复型原始大数据完全不同。

6.2.2 重复型原始大数据/已有系统接口

某种程度上说，从重复型原始大数据到已有系统环境的接口是最简单的接口。该接口在很多方面都很像一个"提炼"过程，也就是对原始重复型大数据环境中的大量数据进行甄别、筛选、提炼，从中获得少量感兴趣的记录。

重复型原始大数据的处理要对每一条记录进行解析。当定位到感兴趣的记录之后，对感兴趣的记录进行编辑，然后将其传送给已有系统环境。通过这种方式，就可以从原始重复型大数据环境的大量记录中提炼出感兴趣的数据。这种接口的假设是：在原始重复型大数据环境中，绝大多数记录都不会传送到已有系统环境中。这种假设认为只需要查找很少一部分感兴趣的记录。

为了解释该假设，试想有下述这些有关制造、电话、日志磁带分析和测量等工作的实例。

假设一个制造商生产的产品质量非常高。平均每一万个产品中只有一件是有缺陷的产品。然而，有缺陷的产品会带来麻烦。所有产品的生产信息都存储在大数据环境中，但是只有关于缺陷产品的信息会被提交到已有系统环境中做进一步分析。在本例中基于一种百分率的方式进行推算，只有很少的数据会被提交到已有系统环境中。

每天人们会打数百万个电话，但是在那几百万个电话中，只有很少（也许只有3~4个）的电话是有必要进行详细电话记录的。只有那些人们感兴趣的电话才会从大数据环境提交到已有系统环境中。

对于日志磁带分析而言，需要创建日志磁带事务处理。每天创建的日志磁带记录有数万条，但是日志磁带上只有几百条记录是人们感兴趣的。只有这几百条人们感兴趣的日志磁带记录需要提交到已有系统环境中做进一步分析。

一个组织收集计量数据。绝大多数计量活动都是正常的，并没有什么特别之处，但是一年之中有那么几天的计量数据会表现出一些异常情况。只有那些看起来不正常的计量数值才会被提交到已有系统环境做进一步分析。

还有很多从重复型原始大数据中查验异常数据的例子。

通常，当数据从大数据环境进入已有系统环境中时，将数据存放在数据仓库中是非常方便的。然而，如果需要，可以将数据发送到已有系统环境的任何地方。

6.2.3　基于异常的数据

一旦选定原始重复型大数据环境中的数据（通常基于异常情况来选定数据，之后将数据迁移到已有系统环境中），就要对这些基于异常的数据进行各种分析，比如以下几种。

- ❑ 模式分析：为什么选定的记录会是异常的呢？除了这些与常规记录的表现相匹配的记录之外，是否还有其他某种活动模式存在？
- ❑ 比较分析：异常记录的数量增加了吗？降低了吗？在收集异常记录的同时都发生了哪些事件？
- ❑ 异常记录随着时间的增长及其分析：随着时间的推移，从大数据环境中收集到的异常记录又出现了什么情况？

对收集到的数据进行分析的方式还有很多种。

图6.2.2展示了从大数据环境到已有系统环境的接口。

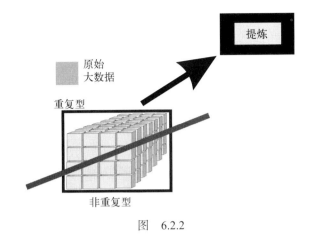

图 6.2.2

6.2.4 非重复型原始大数据/已有系统接口

从非重复型原始大数据环境接入的接口与从重复型原始大数据环境接入的接口极为不同。第一个主要区别在于二者所收集数据的比例不同。在重复型原始大数据接口中，只选定很小比例的数据，而在非重复型原始大数据接口中会选定大多数数据。这是因为非重复型原始大数据环境中的大多数数据都具有业务价值，而重复型大数据环境中大多数数据的业务价值都较小。此外，还有其他一些重要区别。

这两种环境的第二个主要区别表现在语境上。在重复型原始大数据环境中，语境通常是明显且易于查找的。在非重复型原始大数据环境中，语境并不那么明显而且不易查找。请注意，在非重复型大数据环境中语境也是实际存在的，只不过并不容易查找也并不那么明显。

要查找语境，就需要用到文本消歧技术。通过文本消歧可以从大数据环境中读取非重复型数据，并且从这些数据中推导出语境（参见2.6节和2.7节，其中对从非重复型原始大数据中推导语境有更完整的探讨）。

大多数非重复型原始大数据都是有用的，但是也有一定比例的数据是没有用的，在文本消歧过程中会被排除掉。一旦推导出语境，就可以将输出结果发送到已有系统环境。

图6.2.3展示了从非重复型原始大数据到文本消歧的接口。

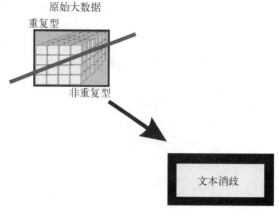

图 6.2.3

6.2.5 进入已有系统环境

当来自非重复型原始大数据环境的数据经过文本消歧处理之后,就可以传送到已有系统环境中了。

因为数据是从文本消歧过程传输而来的,这就非常简单了。从数据中可以推断出语境,而且每个经过筛选处理的文本单元都被转换成一个平面文件记录。平面文件记录会令人回想起标准关系记录。它有一个键以及依赖该键的数据,而且这些数据是以关系型格式组织的。

输出结果会被发送给一个装载程序,这样就可以将输出数据存放在所需的任意DBMS中了。典型的输出DBMS包括Oracle、Teradata、UDB/DB2和SQL Server。

图6.2.4展示了将数据迁移到已有系统环境(采用标准DBMS的形式)中的情形。

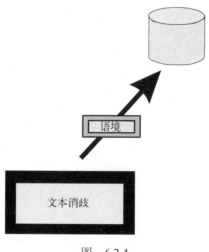

图 6.2.4

6.2.6 "语境丰富"的大数据环境

在经过文本消歧过程之后，还可以采用另一条路线将输出数据回传到大数据环境。将数据回传给大数据环境的原因有很多，其中包括以下几种。

- □ 数据量：从文本消歧过程输出的数据量可能会很大。数据量巨大决定了需要将输出数据回传到大数据环境。
- □ 数据的本质特征：在有些情况下，输出数据可能具有适合在大数据环境中存放的本质特征。此时，将输出数据回传到大数据环境可能会大幅度提高今后的分析处理效能。

无论如何，当数据经过文本消歧之后再次返回大数据环境时，它应该是以一种极为不同的状态进入大数据环境的。当数据经过文本消歧处理并返回到大数据环境存储时，它已经具有了明确识别出来的数据语境，同时也成为大数据环境中数据的一个重要组成部分。

在将文本消歧输出结果回传到大数据环境的同时，现在就要涉及大数据中的另一部分内容了，即大数据中"语境丰富"的那部分数据。从结构的角度来看，大数据中语境丰富的这一部分数据与重复型原始大数据非常相似。唯一的区别就在于，大数据中语境丰富的那一部分数据具有开放而明显的语境，而且依附大数据环境中与这部分数据相对应的基础数据。

图6.2.5说明来自文本消歧的输出数据可以回传到大数据环境中。图6.2.6展示了大数据环境的另一个视角。

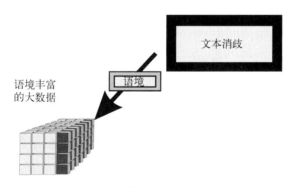

图　6.2.5

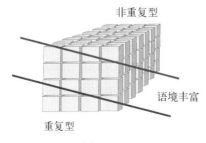

图　6.2.6

图6.2.6说明大数据可以划分为重复型和非重复型两个部分。然而在重复型部分，当把语境丰富的大数据添加到大数据环境中时，语境丰富的数据就变成了另一种类型的重复型数据。换言之，大数据中有两种类型的重复型数据，即简单重复型数据和语境丰富的重复型数据。

当进行分析处理时，这种划分就变得非常重要了。（简单）重复型数据与语境丰富的重复型数据在分析方式上完全不同。

6.2.7   将结构化数据/非结构化数据放在一起分析

大数据环境中关注的最后一个接口针对的是那些来自大数据环境并且经过提炼过程或文本消歧过程的数据。这些数据可以存放在标准的DBMS中。

图6.2.7说明，针对非结构化数据创建的数据库与经典的数据仓库所处的环境相同。当然，经典数据仓库中的数据是完全针对结构化数据创建的。

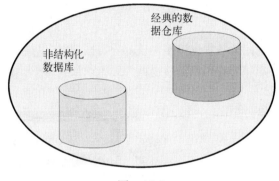

图   6.2.7

图6.2.7说明那些来源极为不同的数据可以存放在相同的分析环境中。采用的DBMS可以是Oracle或者Teradata，采用的操作系统可以是Windows或者Linux。很多情况下，针对这两种数据库进行分析处理就像关系联接运算一样容易。通过这种方式，对来自这两种不同环境的数据进行分析就是简单而自然的事情了。这就意味着结构化数据和非结构化数据是可以放在一起进行分析的。通过将这两种类型的数据整合到一起，就为分析处理开辟了新的前景。

6.3   数据仓库/作业环境接口

尽管大数据/已有系统接口很令人关注，但是它并不是数据架构师所需要了解的唯一接口。企业系统环境中令人关注的另一个重要接口就是作业环境与数据仓库之间的接口。

6.3.1   作业环境/数据仓库接口

图6.3.1展示了作业环境与数据仓库环境之间的接口。作业环境是企业在细节层次上进行日常决策的场所。数据仓库环境是存储那些支持企业决策的数据的场所。

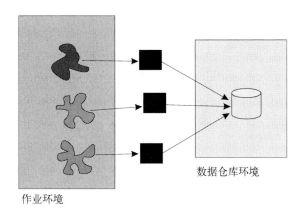

图 6.3.1

6.3.2 经典的 ETL 接口

作业环境与数据仓库环境之间的接口叫作ETL层。ETL代表抽取/转换/装载（extract/transform/load）。通过ETL接口，可以将应用程序产生的数据转换成企业共同的数据。这一转换是企业对其数据进行的最重要的转换之一。

图6.3.2展示了经典的ETL接口。

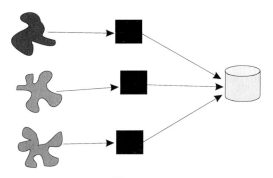

图 6.3.2

在该接口进行的数据转换是从应用程序数据到企业共同数据的转换。作业数据是由各个应用程序定义的。其结果就是造成了不一致的数据定义、不一致的计算公式、不一致的数据结构等。但是当数据经过ETL层的处理之后，这些不一致就会得到消解。

6.3.3 作业数据存储/ETL 接口

然而，作业环境与数据仓库环境之间的经典ETL接口也有多种变体。一种变体就是将作业数据存储（operational data store，ODS）包含在该接口之中。图6.3.3说明ODS也可以加入到该接口之中。

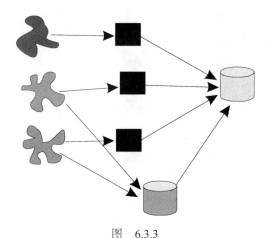

图   6.3.3

流入ODS的数据可以直接从作业环境流入ODS，也可以经过ETL转换层传输给ODS。数据是否经过ETL层完全取决于ODS的类别。对于第I类ODS，数据直接从作业系统传输到ODS。对于第II类或者第III类ODS，数据则需要经过ETL接口。

并非每一个企业都拥有或者需要一个ODS。通常，那些对在线事务处理有较高需求的企业会用到ODS。

6.3.4   集结区

作业环境与数据仓库环境之间经典ETL接口的另一种变体就是设立集结区的情况。图6.3.4展示了一个集结区。

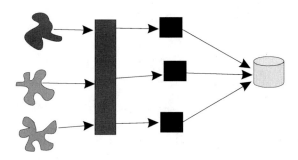

图   6.3.4

在有些特例中需要一个集结区。第一种情况是来自两个或者多个文件的数据必须经过合并处理，这样就存在一个时间同步问题。来自文件ABC的数据于上午9:00完成合并准备，而来自BCD的数据直到下午5:00才能完成合并准备。在该例中，来自文件ABC的数据必须在集结区中待命，直到可以进行合并操作为止。

第二种需要集结区的情况是：有大量的数据，而且为了适应ETL处理过程的并行化处理，需要将这些数据分割成不同的工作载荷。在这种情况下，就需要一个集结区来对数据量进行分割。

　　需要集结区的第三种情况是：有些来自作业环境的数据必须经过预处理步骤。在预处理步骤中，需要将数据传送给一个编辑和修正过程。

　　采用集结区面临的一个问题是，能否对集结区的数据进行分析处理。通常，集结区中的数据并不能用于分析处理。这是因为集结区中的数据还没有经过转换过程。因此，对集结区中的数据进行分析处理并没有太大的意义。

　　请注意，集结区是可选的，大多数组织并不需要采用集结区。

6.3.5　变化数据的捕获

　　作业系统和数据仓库系统之间经典接口的另一种变体就是变化数据捕获（changed data capture，CDC）选项。对于高性能在线事务处理环境而言，每当需要将数据更新到数据仓库环境中时，扫描整个数据库就变得非常困难并且效率低下。在这些环境中，可以通过检查日志磁带来确定需要将哪些数据更新到数据仓库中，这是很有意义的。创建这些日志磁带是为了进行在线备份，以便当在线事务处理出现故障时进行恢复。但是日志磁带也含有所有需要更新到数据仓库中的数据。可以离线读取日志磁带，并且使用它来收集那些需要更新到数据仓库中的数据。

　　图6.3.5描绘了CDC选项。

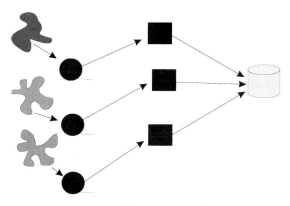

图　6.3.5

6.3.6　内联转换

　　从业务环境到数据仓库环境经典接口的另一种替代品就是内联转换。在内联转换中，会将需要流入数据仓库的数据视为在线事务处理的一部分来进行捕获和处理。

　　在线转换并不经常用到，因为其编码必须是原始编码规范的一部分，而且在高性能在线事务处理过程中需要一定的资源消耗。实际上，大多数在线事务处理的代码都是当人们认识到需要在数据仓库环境中反映在线事务处理结果时才创建的。不过，该选项也并不常见。

图6.3.6展示了内联转换这一选项。

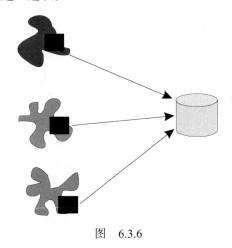

图   6.3.6

6.3.7   ELT 处理

经典ETL接口的最后一种变体就是称作ELT的接口。ELT接口是直接从作业环境将数据装载到数据仓库中的接口。当数据进入数据仓库之后就会进行转换。

ELT备选方案的问题在于存在直接不执行T步骤（也就是转换）的诱惑。在这种情况下，数据仓库就会变成一个垃圾堆。一旦数据仓库中装载了垃圾，那么它作为决策支持基础的价值也就荡然无存了。

如果组织具有不会忽视T阶段工作的自制力，那么ELT方式就不会有任何问题。但是拥有自制力和相关规定来确保正确使用ELT方法的组织实际上凤毛麟角。

图6.3.7展示了作为作业系统和数据仓库之间接口的ELT方法。

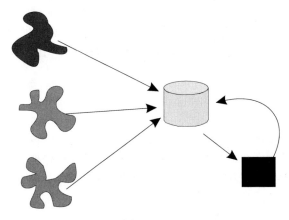

图   6.3.7

6.4 数据架构——一种高层视角

架构的特性之一就是能够提供一种高层视角，如图6.4.1所示。

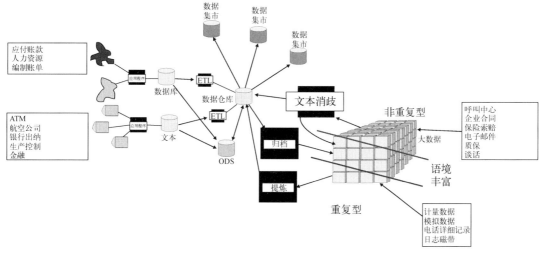

图 6.4.1

6.4.1 一种高层视角

图6.4.1展示了一些有代表性的组件。例如，在图的左边有几个阴极射线管（cathode ray tube，CRT）显示器，形成了以应用程序为中心的散射状图示，这表示的是在线事务处理系统。实际上这部分图示中的应用程序、数据库和CRT代表了许许多多的应用程序和数据库。

该图也说明大数据主要存在两种类别：重复型数据和非重复型数据。而重复型数据又可区分为简单重复型数据和语境丰富的重复型数据。该图还展示了不同类型大数据的典型来源。

该图说明可以将重复型数据提炼为可进入分析型数据仓库环境的数据。此外，非重复型数据也可进行消歧，而且既可以存放在数据仓库中，也可以以语境丰富的重复型大数据的形式回传到大数据环境中。

6.4.2 冗余

图6.4.1也反映出很多问题。其中之一就是冗余数据的问题。一看该图就会觉得图中到处都有冗余数据。事实上，图中展示的并不是冗余数据，而是一些经过转换的数据。如果说数据的价值在进行转换之后仍然保持不变，那么你可能会认为这些数据是冗余的。不过，你也可能认为它们不是冗余的。

试想一下现实世界中的冗余现象，以时间为例。在互联网、电话、广播、电视以及其他很多地方都会有时间出现。难道时间在很多地方的冗余出现带来了麻烦吗？只有当无法确定准确时间之时，到处出现时间才会带来麻烦。如果没有权威的时间来源，那么让时间冗余地出现就会带来问题。但是只要某些地方提供了某种权威的数据来源，而且只要大多数冗余的时间来源都与权威时间来源保持一致，那么就不会出现问题。实际上，在时间的来源上保留一些冗余是非常有用的，只要这些时间完全准确就没有问题。

因此，像图6.4.1所示的那样在整个企业范围内保留一定的冗余数据并不会出什么问题，只要数据的完整性不存在问题即可。

6.4.3　记录系统

数据架构中的数据完整性是由所谓的记录系统（system of record）确立的。记录系统是唯一性、决定性确立数据价值的唯一场所。请注意，记录系统仅仅适用于详细的粒度数据。记录系统并不适用于汇总数据或者派生出来的数据。

要理解记录系统，可以想一想银行和你银行账户余额情况。对于每家银行的每个账户而言，都有用于账户余额的记录系统。确定和管理账户余额的地方有且只有一个。你的银行账户余额情况可能会在银行的多个地方出现，但是只有记录系统这个地方用于保存与之相关的信息。

如图6.4.2所示，记录系统会在前述的整个数据架构中迁移。

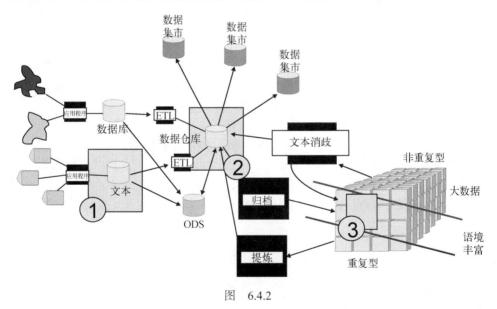

图　6.4.2

图6.4.2说明当捕获数据之后，处理数据的环境就成为数据的第一个记录系统，尤其是在在线环境下。位置1说明面向当前有价值数据的记录系统位于在线环境中。你可以试想一下打电话到银行询问自己当前的账户余额，银行会进入其在线事务处理环境中去查找你当前的账户余额情况。

此后有一天，你对发生在两年前的银行交易情况有了疑问。你的律师要求你往前追溯，证明自己在两年前进行了一次支付操作。你无法进入自己的在线事务处理环境。相反，你需要在数据仓库中查找自己的记录。随着数据"年龄"的增长，针对老旧数据的记录系统会迁移到数据仓库中。这就是图中的位置2。

时光流逝，美国国税局（Internal Revenue Service，IRS）要对你进行审计。你需要在时间上向前追溯10年，以证明你所进行的各种金融活动。现在，你就需要到大数据环境的归档存储中来查询了。这就是图中的位置3。

因此，随着时间的推移，数据架构中面向数据的记录系统会发生变化。

还有另一种看待数据架构中数据的方式：看看数据架构的不同部分回答了哪些类型的问题。图6.4.3说明，不同类型的问题是由数据架构的不同部分来回答的。

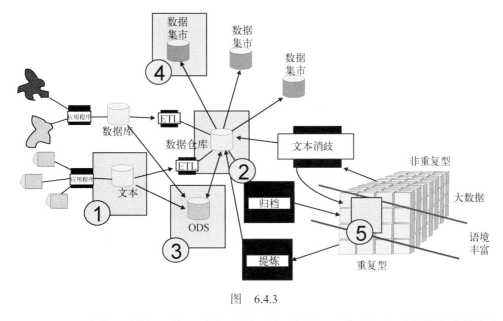

图 6.4.3

图6.4.3展示，在位置1详细回答即时出现的问题。在这里，你可以即时查询准确的账户余额信息。

位置2表明，你可以在数据仓库中通过自己的银行账户来查看自己的历史活动。

位置3是ODS。在ODS中你可以即时查找准确的集成信息。你可以在ODS中浏览各种信息，例如有关你账户的全部信息，包括你的贷款、储蓄存款账户、活期存款账户、个人退休金账户等。

位置4是数据集市。在数据集市中，银行管理将你的账户信息与其他成千上万的账户进行整合，从部门的视角出发来查看信息。一个部门是从财务的视角出发来看待数据集市中的数据的，而另一个部门可能从市场营销的视角出发来看待数据，凡此种种。

位置5提供的数据给出了另一个数据视角。在位置5出现的是大数据。与其他各种数据一样，这里也有源远流长的历史。位置5处所能进行的分析种类多样，变化多端。

当然，对于不同的行业来说，其数据有所差别，能进行的分析类型也有所不同。前面使用银行的例子是为了使大家更容易理解。但是对于其他行业而言，还存在其他类型的使用信息。

6.4.4   不同的群体

数据架构中的信息可以供不同的群体使用。一般来说，办公人员会使用位置1和位置2的信息。每个人都会使用位置3的数据。数据仓库可以作为整个组织的信息交叉点。不同的职能部门都会使用位置4的信息。位置5则可以作为整个组织的数据汇聚地。

第 7 章

重复型分析

7.1 重复型分析——必备基础

有一些关于分析的基础概念和实践几乎是通用的。这些概念和实践也可以应用于重复型分析，而且它们对数据科学家而言是必不可少的。

7.1.1 不同种类的分析

分析有两种不同的类型，即开放式连续分析和基于项目的分析。开放式连续分析常用于企业的结构化数据领域，但是在重复型数据领域很少使用。在开放式连续分析中，分析是从数据的收集开始的。当数据收集完毕之后，下一步就是对数据的提炼和分析了。当完成数据分析之后，就会作出一个或者一系列决策，这些决策的结果也会影响到现实世界。此后，可以收集更多的原始数据并且重复该分析过程。

收集数据，对其进行求精和分析，然后基于不断得出的分析结果作出决策，这样的过程实际上非常普遍。银行关于提升或者降低贷款利率的决策就是这样一个连续反馈回路的例子。银行收集有关贷款申请和贷款偿还情况的信息。然后银行对这些信息进行消化处理，之后决定是否提高或者降低贷款利率。银行提高利率之后进行测试，观察会出现什么样的结果。这就是一个开放式连续分析回路的例子。

另一种类型的分析系统是基于项目的分析。对于基于项目的分析而言，其目的是仅做一次分析。例如政府想要做一次分析，了解有多少非法移民已经成功融入社会。其目的就是仅做一次这样的调查。同样，汽车制造商也可能会进行一些安全性方面的调查。也可能有人想对某种产品进行化学分析。还可能有人要调查汽油中的乙醇含量。可能会有各种各样的一次性调查。

图7.1.1展示了分析调查的两种类型。

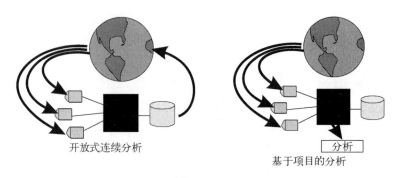

开放式连续分析　　　　　　　基于项目的分析

图　7.1.1

一个调查究竟应该进行一次还是经常进行，对于围绕着该调查的基础设施而言影响很大。对于连续性的调查，需要创建一种持续性的基础设施；而在一次性调查中，则需要创建一种极为不同的基础设施。

7.1.2　寻找模式

无论如何进行分析调查，调查过程一般都需要寻找模式。换言之，组织需要识别那些导致结论产生的模式。模式能告诉我们会发生一些预先未知的重要事件。通过了解这些模式，组织就可以获得洞察力，能够更加高效、更加安全或者更加经济（或者达成其他最终调查目的）地进行自我管理。

模式能以不同的形式出现。有时模式是以测量事件的形式出现的。还有些情况下，会对某个变量进行连续测量。图7.1.2展示了两种测量模式的常见形式。

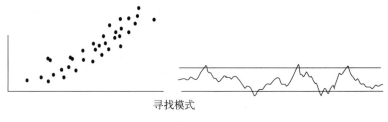

寻找模式

图　7.1.2

在有离散事件的地方，可以通过散点图来表现这些事件。散点图只不过是将一个点的集合呈现在图表之上。散点图的创建涉及很多问题，其中比较重要的问题就是要确定一个模式是否相关。有时，会发现很多已经收集到的点实际上是不应该收集的。还有些时候，在图上画出的这些点会形成不止一个模式。专业的统计师要能够确定散点图上那些点的准确性和完整性。

另一种寻找模式的形式是观察某个连续测量的变量。对于这种情况，一般都会对关注的阈值划分层级。只要该连续变量仍然在阈值限定的范围内，那就没有问题。但是当变量超出阈值的一个或者多个层级时，就会引起分析师的关注。通常，分析的焦点都集中在变量超出阈值的情况上。

当捕获到事件点并且形成一张图表时，接下来的问题就是确定假阳性（误判）。假阳性是一个已经发生但是由于某种原因而与研究无关的事件。如果研究的变量足够多，那么仅仅通过足够多的变量来相互关联事实就可能出现假阳性。

曾经出现过一个著名的假阳性相关，可以说是众所周知的了。该假阳性相关指出，如果AFC队赢得了"超级碗"橄榄球赛，那么下一年度的股票市场就会陷入低迷。但是如果NFC队赢得了"超级碗"，那么股票市场就会回升。基于这样的假阳性，人们只要知道谁是"超级碗"的获胜者就可以在股市中赚钱了。图7.1.3展示了这一声名狼藉的假阳性相关。

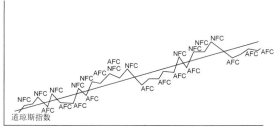

将"超级碗"的获胜者作为股市的预报器

图　7.1.3

实际上"超级碗"的获胜者与股市的表现之间并没有真正的关联。赢得一场橄榄球赛也并不能说明经济方面的表现。事实上，对多年的数据进行分析，会发现其中确实存在某种相关性，这说明了如果对足够的趋势信息进行比较，那么人们就可能从中发现某种相关性，即使这种相关性只不过是个巧合而已。

出现假阳性结果的原因有很多种。试想一下互联网销售分析。有人在查看了销售情况之后就开始得出结论。在很多时候，这样的结论是正确而有效的；但是，也许由于某人的猫跑上了键盘，在错误的时间产生了一次互联网销售。对于这样仅发生一次的事件，是无法从中得出正当结论的。

假阳性结果的出现可能是因为大量未知和随机的原因造成的，如图7.1.4所示。

互联网销售

上午10:01　客户喜欢产品
上午10:03　客户需要产品
上午10:15　客户想要购买产品
上午10:23　孩子在上网玩
上午10:26　产品的颜色很有吸引力
上午10:32　产品满足需求

一次假阳性结论

图　7.1.4

7.1.3　启发式处理

分析处理与其他类型的处理有着根本性的不同。一般来说，可以将分析处理视为启发式处理

（heuristic processing）。在启发式处理中，分析需求是从当前这一轮处理的结果中发现的。为了理解启发式处理的动态性，试想一下经典的系统开发生命周期（system development life cycle，SDLC）处理。图7.1.5展示了一个经典的SDLC开发工作。

在经典的SDLC处理中，第一步是收集需求。经典SDLC的目的是在下一阶段的开发发生之前收集所有的需求。正因为在进行下一阶段的开发之前需要收集所有需求，这种方式有时也被称作瀑布模式。

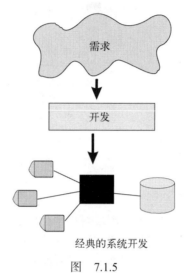

经典的系统开发

图   7.1.5

但是启发式处理与经典的SDLC有着根本性的不同。在启发式处理中，可以从某一部分需求开始。你可以建立一个系统来分析那些需求。当你得到了一些结果之后，在有时间反思已经取得的结果之时，可以再回过头来重新考虑自己的需求。然后，你可以重新描述自己的需求，并且重新开发和重新分析。每次你所经历的重新开发工作都可以称作一次迭代（iteration）。你可以继续这种不同的迭代过程，直至得到的结果能够满足发起此项活动的组织为止。

图7.1.6描述了启发式分析方法。

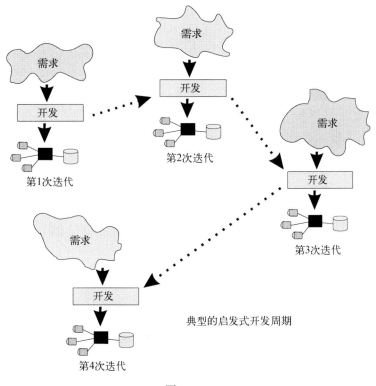

第1次迭代

第2次迭代

第3次迭代

第4次迭代

典型的启发式开发周期

图　7.1.6

启发式过程的特征之一就是：刚开始是无法知道有多少次重新开发迭代过程的。而且也无法知道启发式分析的过程要花费多长时间。启发式过程的另一个特征是：在启发式过程的周期内，需求改变既可能很小，也可能完全改变。同样，也无法预先知道在启发式过程结束后需求到底是什么样的。

由于迭代过程的迭代本质，相比起经典的SDLC环境中的开发过程而言，其开发过程并不怎么正式，也并不严格。启发式过程的精髓就在于开发的速度和结果的快速生成。

启发式过程的另一个特征是有时需要对数据进行"冻结"。在启发式过程中，处理数据的算法是不断变化的。如果正在被操作的数据同时也在发生变化，那么分析师就无法判断新的结果到底是由于算法的改变而产生的结果，还是由于数据的改变而产生的结果。因此，只要针对数据的算法在变化，就很有必要将其操作的数据冻结起来。

需要冻结数据的理念与其他形式的处理正好相反。在其他形式的处理中，需要对尽可能最新的数据进行操作，并且要求数据尽可能快地更新和变化。在启发式处理中，则根本不是这么回事。

图7.1.7说明，只要处理数据的算法在变化，就需要冻结数据。

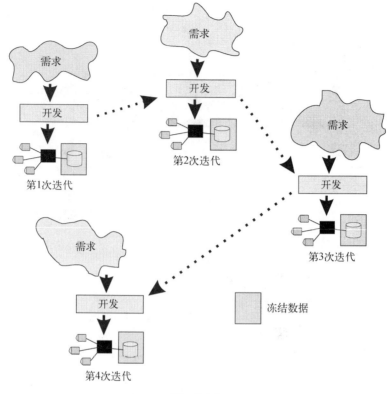

图   7.1.7

7.1.4   沙箱

启发式处理是在所谓的沙箱（sandbox）中进行的。沙箱是一种供分析师查看和研究数据的环境。分析师可以今天以这种方式查看数据，明天以那种方式查看数据。采用沙箱之后，分析师就不会在处理的类型或者能够做多少处理等方面受到限制。

需要沙箱的原因在于：在标准企业处理中需要对处理过程进行严密的控制。在标准环境中需要对处理过程进行严密控制是由于资源的限制。在标准企业作业环境中，需要对那些可供所有分析师处理使用的资源进行控制，这是因为在标准作业环境中需要高性能。但是在沙箱环境中，对分析师并没有这样的限制。在沙箱环境中，并不需要高性能。因此，分析师可以自由地进行自己想要做的分析研究。

沙箱环境的存在还有另一个原因，那就是在标准作业环境中需要对数据访问和计算进行严格控制。这是因为在标准作业环境中，需要考虑安全性和数据治理方面的事项。在沙箱中就不需要考虑这些了。

沙箱处理还有相反的一面，由于在沙箱环境中没有控制机制，沙箱环境中的处理结果不应该在正式场合中采用。沙箱中的结果可以产生全新且重要的洞察力，但是当获得了这种洞察力之后，就应该将其转换成一个更为正式的系统，使之融入标准作业环境之中。这样看来，沙箱环境真是对分析群体的恩赐。

图7.1.8展示了沙箱环境。

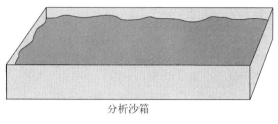

分析沙箱

图 7.1.8

7.1.5 标准概况

分析师所能设计的最重要的事物之一就是标准概况（normal profile）。标准概况就是被分析对象的构成情况（的概要描述）。以人为例，标准概况可以包含很多方面，例如性别、年龄、教育情况、住址、孩子的数量、婚姻状况等。图7.1.9展示了一个标准概况。

一个标准概况
- 女
- 年龄35岁
- 大学学历
- 已婚
- 2个孩子
- 开本田汽车
- 抵押贷款256 000美元
- 打网球
- 喜欢意大利食品
....

图 7.1.9

企业的标准概况可能包括下面这些属性：企业的规模、地址、产品或服务的类型以及收入情况。对于什么是"标准"的，在不同的环境中有不同的定义。

之所以说标准概况很有用是有很多原因的。原因之一就是事物的概况本身就是很令人关注的。标准概况可以使管理人员对系统中将要出现的状况一目了然。然而，说标准概况非常有用还有另一个非常重要的原因。在研究大规模数据时，查看单个记录并且度量其距离标准记录有多远通常是非常有用的。而且，除非首先知道标准记录，否则你无法确定单个记录距离标准记录有多远。

很多情况下，一个距离标准值较远的记录也更令人感兴趣。但是除非你知道标准值是什么，否则无法确定一条记录是否距离标准值较远。

7.1.6 提炼、筛选

当针对重复型大数据环境做分析时，处理的类型可以分为两种。一种叫作提炼处理，另一种叫作筛选处理。分析师可以根据自己的需要来进行这两种处理。

在提炼处理中，处理的结果是单一结果集，例如创建概况。在零售业运营中，人们希望能够创建一个标准概况。在银行业中，提炼的结果可能就是创建新的贷款利率。在制造业中，提炼的结果可能就是确定用于生产的最佳材料。

无论哪一种情况，提炼过程的结果都是单一出现的一个取值集合。

对于筛选处理，其结果就极为不同了。在筛选处理中，处理结果是对多个记录的选择和精炼。筛选处理的目标是找出所有满足某种准则的记录。一旦找到了这些记录，那么就可以对其进行编辑、操作或者做其他变换，使之适应分析师的需求。之后，可以将这些记录输出以便作进一步处理或分析。

在零售业环境中，筛选的结果可能是对高价值客户的选择。在制造业中，筛选的结果可能是选择所有未能通过质量检测的最终产品。在卫生保健领域，筛选的结果可能是找出所有患某一种疾病的病人，等等。

在提炼和筛选过程中发生的处理是非常不同的。提炼的重点在于分析性和算法性的处理，而筛选的重点则是选取记录并编辑这些记录。

图7.1.10展示了这两种可应用于重复型数据的处理类型。

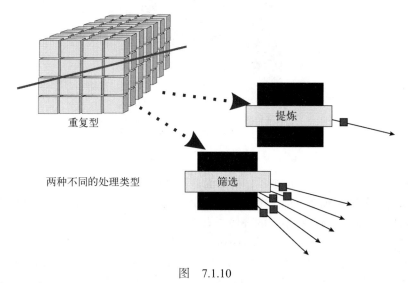

图　7.1.10

7.1.7 建立数据子集

筛选的结果之一就是创建数据的子集。当读取和筛选重复型数据时，结果就是为数据创建不同的子集。建立数据子集有很多现实方面的原因，其中包括以下几种。

- ❑ 减少需要分析的数据量：分析操作一个小的数据子集要相对容易，而同样的数据一旦混入大量其他不相关的数据就难以分析了。
- ❑ 处理的纯度：通过建立数据的子集，分析师可以将不想要的数据筛选出来，这样分析工作就可以集中在感兴趣的数据上了。创建一个数据子集意味着分析性、算法性的处理可以很好地聚焦于分析目标。
- ❑ 安全性：一旦将数据选入某一子集，相对于那些仍然处于未被筛选状态的数据而言，这些数据就处于更高安全等级的保护之下。

为分析建立数据子集是一种常用技巧，只要有数据和计算机存在，就会用到这种方法。

建立数据子集的作用之一是为抽样创造条件。

在数据抽样中，是针对某一数据样本而不是针对数据的全集进行处理。在进行这样的处理时，创建分析所使用的资源相对较少，而且创建分析所花费的时间也会显著减少。另外，在启发式处理中，做一次分析所需的周转时间是非常重要的。

当对大数据进行启发式分析时，抽样处理显得尤其重要，因为需要处理规模庞大的数据量。

图7.1.11展示了分析样本的创建。

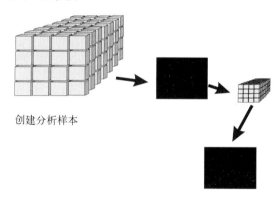

创建分析样本

图　7.1.11

抽样也有一些不好的方面。一个不好的方面是，对处理样本得到的结果可能与处理整个数据库得到的结果有所不同。例如，抽样得出的客户平均年龄为35.78岁。但是当对整个数据库进行处理后，发现客户的平均年龄实际上是36.21岁。有些时候，这两个结果之间的细小差别是无关紧要的，但是有些时候这种细小的差别确实是非常重要的。是否重要取决于这种差别有多大，以及结果准确度的重要程度。

如果数据的准确度稍差并不会造成多大的问题，那么就可以采用抽样方法。如果实际上希望得到的结果尽可能准确，那么就不能针对抽样数据进行算法设计。当分析师认为抽样结果比较正确时，可以再针对整个数据库进行最后的处理，这样既能够满足快速分析的需求，也能够满足得到准确结果的需求。

抽样处理所面临的问题之一就是抽样偏好问题。将数据选取到抽样数据库中时，这个过程总有一些对数据的偏好。选择操作的一项功能就是要确定偏好是什么，以及该偏好对最终结果的影响。有时候虽然存在偏好，但是对数据的偏好确实影响不大。还有些时候，当把带有偏好的数据选取到抽样数据库中，则确实会对最终结果产生影响。

分析师必须始终意识到抽样数据偏好的存在和影响。

图7.1.12说明，当处理抽样数据之时，准确性有着昂贵的边际价值。

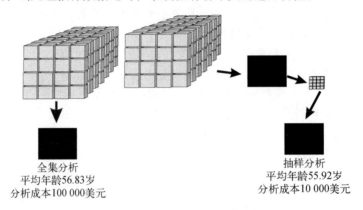

全集分析
平均年龄56.83岁
分析成本100 000美元

抽样分析
平均年龄55.92岁
分析成本10 000美元

图   7.1.12

7.1.8   筛选数据

对数据进行筛选（尤其在大数据环境中）是一项常见的工作，这有多方面的原因。实际上，数据的筛选可以针对数据库中某一属性或任何属性的值。图7.1.13说明，可以通过多种方式进行数据的筛选。

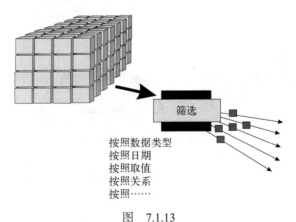

筛选

按照数据类型
按照日期
按照取值
按照关系
按照……

图   7.1.13

在对数据进行筛选之时，同时还要编辑和操作数据。筛选过程的输出经常要做的工作是通过某种方式对记录进行排序。通常，排序是针对包含唯一取值的属性进行的。例如，当把社会保障号作为输出的一部分时，与一个人相关的输出就会含有与此人社会保障号相关的数据。再举个例子，筛选制造业商品的输出结果可能含有零部件编码、批号和生产日期等属性。另一个例子是，当筛选的数据来自房地产行业时，那么不动产地址就是一个可作为键的属性。

图7.1.14说明，当数据是通过筛选处理产生时，这些数据通常包含具有唯一取值的属性。

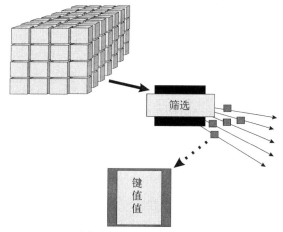

在筛选数据之时确定键和值

图　7.1.14

筛选的结果之一就是建立数据子集。实际上，当数据经过筛选之后，产生的结果就是创建了一个数据子集。然而，建立筛选机制的分析师可能是想通过创建一个数据子集来为今后的分析做准备。换言之，当创建一个子集时，如果对创建子集的过程做一点规划是很有用的，这样对今后的分析处理也有帮助。图7.1.15说明，当筛选数据之时会创建数据子集。

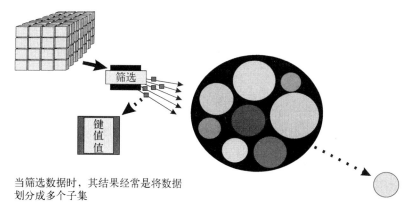

当筛选数据时，其结果经常是将数据
划分成多个子集

图　7.1.15

7.1.9　重复型数据和语境

一般来说，很容易得到重复型数据的语境。这一般是因为重复型数据的数据会出现很多次，而且重复型数据在结构上都是相似的，语境的查找比较容易完成。

对于大数据环境来说，其中的数据是非结构化的，这就意味着数据并不是用标准数据库管理系统来进行管理的。因为数据是非结构化的，所以要想使用这些数据，就必须使这些重复型数据经过解析过程（所有的非结构化数据都是如此）。但是由于这些数据在结构上是重复的，一旦分析师解析了第一条记录，就可以按照同样的方式来解析随后的记录。因此，在大数据中仍然需要解析重复型数据。不过，对重复型数据来说，解析几乎是一件微不足道的事情。

图7.1.16说明重复型数据的语境通常是易于查找和确定的。

对于重复型数据而言，语境是非常容易查找的

图　7.1.16

在研究重复型数据时，会发现大多数数据都是相当普通的，如图7.1.17所示。大概唯一令人关注的数据就是那些以重复型数据内部数值的形式出现的数据。如果要举例说明出现令人关注的数值的情形，可以试想一下零售业的例子。一个零售商的绝大多数零售额都是介于1美元到100美元之间的。但是偶尔也会有超过100美元的订单。这些特例就会引起零售商极大的兴趣。

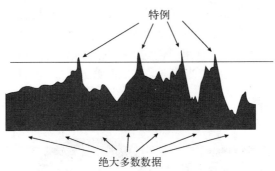

当查看重复型数据时，会发现绝大多数数据都是普通的

图　7.1.17

零售商对于以下这些问题感兴趣。

❑ 这些零售额发生的频率如何？

❑ 零售额有多少？

❑ 还有哪些事情与之一起发生？

❑ 它们是可预测的吗？

7.1.10 链接重复型记录

重复型记录本身就有价值，但是有时候还可以将重复型记录链接到一起，形成一个更大的图。当把这些记录链接到一起时，它们之间就存在了某种逻辑上的关联关系，从这些数据中就可以推导出更加复杂的内容。

重复型记录的链接方式有很多种，最常用的方式是通过它们共有的数据值链接起来。例如，可以采用共同的客户编号来链接记录，也可以使用通用零部件编号，还可以使用通用的零售区编码，等等。

实际上，将重复型记录链接到一起的方式有很多种，这取决于当前所研究的业务问题。

图7.1.18说明，有时基于记录的某种业务关系来链接重复型记录是有意义的。

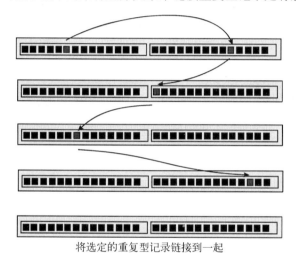

将选定的重复型记录链接到一起

图　7.1.18

7.1.11 日志磁带记录

在分析大数据时经常会遇到日志磁带。很多组织创建日志磁带都只是为了在某一天想起来的时候，从那些从未使用过的磁带上发现信息财富。

通常，日志磁带上的信息都是以加密方式存储的。大多数日志磁带在写入之时都并不是为了用于分析处理。大多数日志磁带的作用都是备份和恢复，或者是为了创建某一历史事件。因而，需要某种工具来读取和解密日志磁带。这种工具读取日志磁带，推断出日志磁带上数据的含义，之后将数据重新格式化为一种易于理解的形式。当读取数据并对其进行重新格式化之后，分析师就可以使用日志磁带上的这些数据了。

大多数日志磁带处理都需要去除不相关数据。对于分析师来说，日志磁带上出现的大多数数据是无用的。

图7.1.19给出了典型日志磁带的示意图,展示出日志磁带上的很多种不同记录。通常,这些记录都是按照时间顺序写到磁带上的。当某一业务事件发生时,会有一条记录写入磁带,以反映该事件的出现。

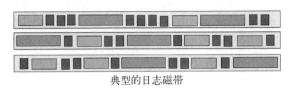

典型的日志磁带

图   7.1.19

乍一看,这样的数据可能是非重复型数据。确实,从数据物理表现形式的立场来看,这种看法是有根据的。但是还有另一种方式来研究日志磁带上的数据。这种视角认为日志磁带只是按照时间顺序积累的一大堆重复型记录。图7.1.20的右侧展示了日志磁带的逻辑视图。

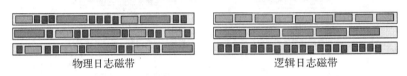

物理日志磁带   逻辑日志磁带

图   7.1.20

图7.1.20指出,从逻辑上来看,日志磁带只是一个按顺序组织的不同类型记录的集合。图7.1.20中的右侧视图展示了重复型数据记录的逻辑表现。

7.1.12　分析数据点

分析数据的方式之一是绘制一幅图来展现参考数据的点集。这种方法叫作创建散点图(scatter diagram),如图7.1.21所示。

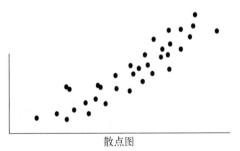

散点图

图   7.1.21

收集和绘制这些点有助于进行直接观察,而且以散点图的形式来表示也具有一定的数学意义。还可以在这些点上画一条线,这条线代表了一个数学计算公式,用到了一种名叫最小二乘法(least squares method)的方法。在最小二乘法中,这条线代表这样的数学函数:每个点到该线的距离的平方是最小值。

　　有时，存在某个参考点看起来与其他点都不一致。如果是这种情况，就可以抛弃该参考点。这样的一个参考点被称为离群点（outlier）。

　　对于只有一个离群点的情况，从理论上来说，还有其他一些因素是与参考点的计算相关的。将离群点丢弃之后，并不会影响最小二乘法退化分析计算得出的推论。当然，如果存在太多的离群点，那么分析师就必须进行更深入的分析，搞清楚为什么会出现这些离群点。但是只要离群点的数量并不多，而且也有足够的理由删除这些离群点，那么删除这些离群点就是非常合理的事情了。

　　图7.1.22展示了一个采用线性回归分析的散点图，以及一个带有离群点的散点图。

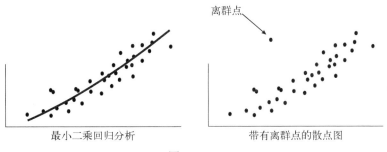

最小二乘回归分析　　　　　　　带有离群点的散点图

图　7.1.22

7.1.13　按时间的推移研究数据

　　按照时间的推移来研究数据是一种常见方式，也是一种很好的方式。如果不采用这种方式，是无法获取到某些见解的。

　　按照时间的推移来研究数据的标准方式之一就是使用排列图（也叫作帕累托图，Pareto chart）。图7.1.23展示了排列图中的数据。

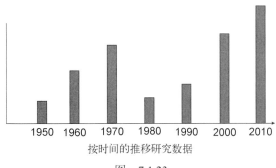

按时间的推移研究数据

图　7.1.23

　　尽管按照时间的推移来研究数据是一种标准而有益的实践方法，但是按照时间的推移来研究数据也存在具有迷惑性的一面。当按照时间的推移来考查数据时，如果是对较短周期内的数据进行研究，一般没有什么问题。但是如果研究的数据跨越了非常长的一段时期，那么研究时采用的参数所发生的变化就会影响到数据。

可以通过一个简单的例子来说明这种在有限时间段里查看数据所产生的影响。假设要研究美国每十年的国民生产总值（gross national product，GNP）情况。度量GNP的方式之一就是按照美元来度量GNP。这样你就可以绘制出大约每个十年里美国GNP情况的图表。不过问题就在于，随着时间的变化，美元的价值是有所不同的。2015年美元的价值与1900年美元的价值根本就不是一回事。如果你不根据通货膨胀情况来调整自己的评价参数，那么你对GNP的度量毫无意义。

图7.1.24说明，随着时间变化，作为基本度量单位的美元在每个十年的价值都是不同的。

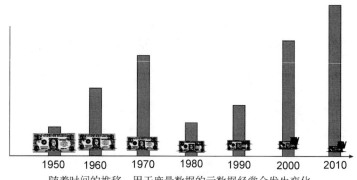

随着时间的推移，用于度量数据的元数据经常会发生变化

图   7.1.24

事实上，美元（的价值变化）和通货膨胀还都是众所周知的现象。人们并不十分明白的是，还有其他一些随时间的推移而发生变化的因素并不像通货膨胀那样容易追踪。

例如，假设有人跟踪研究IBM公司每十年的收入情况。IBM公司每十年的收入情况是很容易查找和追踪的，因为IBM是一家上市公司。但是并不那么容易追踪的是IBM多年以来对其他公司的全部并购情况。研究了1960年的IBM公司之后，再研究2000年的IBM公司，很可能会产生一些误解，因为1960年的IBM公司与2000年的IBM公司之间存在相当大的差别。

在对任何变量进行度量时，其参数都会随时间的推移而不断发生变化。重复型数据的分析师必须牢记：只要时间足够长，数据度量的模式都会随时间的推移而逐渐变化。

7.2 分析重复型数据

大数据环境中的大多数数据都是重复型的。分析大数据环境中的重复型数据与分析非重复环境中的数据极为不同。作为出发点，我们需要先来看看重复型大数据环境到底是什么样子的。图7.2.1说明重复型大数据环境中的数据看起来就像是将大量数据单元首尾相连、叠放在一起一样。

重复型环境的样子

图 7.2.1

可以将重复型数据看作是以数据块、记录和属性等形式来组织的。图7.2.2展示了这种组织方式。

块

记录
    重复型环境中的要素
属性

图 7.2.2

数据块是一种比较大的空间分配,系统知道如何来查找某个数据块。数据块中装载了数据单元。可以将这些数据单元视为记录。数据属性就存在于这些数据记录当中。

举个数据组织方式的例子,试想一下电话呼叫记录。数据块中可以找到很多与打电话相关的信息。而在每个电话呼叫记录中又可以找到一些基本信息,比如以下这些信息。

❏ 打电话的日期和时间
❏ 是谁打了电话
❏ 电话是打给谁的
❏ 这个电话打了多长时间

还可能有其他一些附带的信息,例如是否有辅助接通电话的接线员,或者是否为国际长途。但是到了最后,每个电话都会一遍遍地重复出现同样的信息属性。

当系统查找数据之时,会知道如何查找一个数据块。不过系统找到数据块之后,就由分析师从数据块中发现数据的含义。分析师通过解析数据来完成这项工作。分析师读取数据块中的数据,之后确定记录所在的位置。当找到某条记录之后,分析师就会知道哪里到底有哪些属性。

如果封装在数据块中的记录相似度并不高,那么解析的过程就会非常费力。图7.2.3说明,在大数据环境中遇到数据块时,需要对该数据块进行解析。

解析

分析师如何知道数据在重复型
环境之中

图 7.2.3

7.2.1　日志数据

大数据中最常见的一种形式就是日志数据。实际上很多重要的企业信息都是以日志的形式封装的。

当查看日志数据时，会发现日志数据与其他重复型数据并不一样。看看图7.2.4中的对比，实际上重复型数据与日志数据看起来根本就不一样。在该图中，日志数据中出现了很多不同种类的记录，这与实际情况是相符的。但是这种明显的矛盾可以通过这样的认知来解释：从逻辑上看，日志磁带也只不过是重复型记录的合并而已。这种现象如图7.2.5所示。

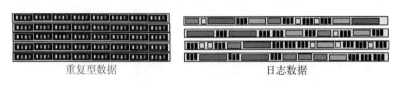

重复型数据　　　　　　　　日志数据

图　7.2.4

物理日志数据　　　　　　　逻辑日志数据

图　7.2.5

尽管日志磁带记录由多条记录组成且必须进行解析，但是好消息是必须解析的记录类型数一般是有限的（与其他非重复型记录不同，那些记录需要解析的记录类型数并不是有限的）。图7.2.6说明在解析日志磁带时，需要检查的记录数是一个有限的数值。

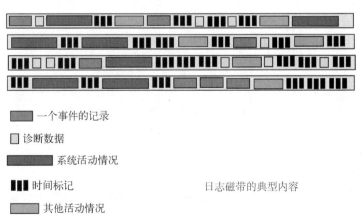

■ 一个事件的记录
□ 诊断数据
■ 系统活动情况
▮▮▮ 时间标记　　　　　　　　　日志磁带的典型内容
▨ 其他活动情况

图　7.2.6

重复型数据的分析是从了解大数据的存储方式开始的。在很多实例中，大数据都是在Hadoop中存储的。然而，还有其他一些技术（例如Huge Data等）也可以管理和存储大规模数据。

早期阶段还只有结构化数据库管理系统（database management system，DBMS）的时候，DBMS本身承担了大量基础性数据管理工作。但是在大数据领域，大量数据管理任务是取决于用户的。

图7.2.7说明了在大数据环境中需要进行一些不同方式的基础性数据管理。例如，有了Hadoop，你可以通过一个接口来访问和分析数据，可以存取和解析数据，可以直接访问数据并且自己完成基本的功能；这里有装载程序和其他一些数据管理的实用程序。大多数有关直接访问大数据环境中数据的技术都聚焦于以下两个方面。

(1) 数据的读取和解释

(2) 大规模数据的管理

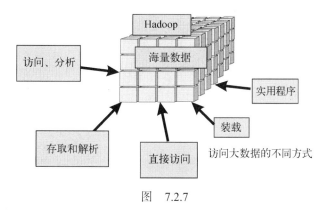

图　7.2.7

大规模数据的管理很消耗资源，因为确实有大量的数据需要处理。大规模数据的处理本身就是一门科学。尽管有大规模数据需要管理，但是仍然需要先创建一种数据架构。

7.2.2 数据的主动/被动式索引

架构师可采用的最有效的设计方法之一就是为数据创建不同种类的索引。不管怎么说，索引在帮助查找数据方面是很有用的。通常，通过索引来定位数据要比直接搜索数据更加快捷。因此，索引在分析处理中占有一席之地。

大多数索引的建立都是从用户的数据访问需求开始的，然后，为了满足这样的需求而创建一条索引。当以这种方式建立索引时，可以将其称作主动式索引（active index），因为其中存在一种对主动使用索引的期望。

然而，还可以创建另一种类型的索引，叫作被动式索引（passive index）。被动式索引并不是从用户需求出发的。相反，这些索引是按照数据的组织方式创建的，以备人们今后访问数据时使用。因为这种索引的建立并没有主动需求，所以称其为被动式索引。

图7.2.8说明可以创建主动式索引和被动式索引。

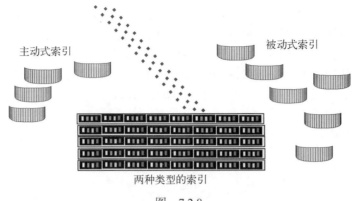

图 7.2.8

任何索引都有一定的代价。在刚开始创建索引的时候有代价，在维护更新索引时也有代价。之后，索引的存储也有一定的代价。在大数据环境中，索引一般是通过一种名为爬虫的技术来创建的。爬虫技术能够不断搜索大数据环境并且创建新的索引记录。只要数据保持稳定且不变，数据就只需要索引一次。但是如果进行了数据添加或者数据删除操作，那么就需要不断更新索引，以保持索引的最新状态。无论如何，索引自身都需要一定的存储代价。

图7.2.9说明了建立和维护索引的代价。

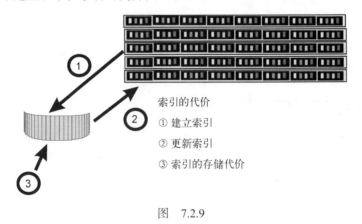

图 7.2.9

7.2.3 汇总/详细数据

另一个逐渐显现的问题就是，是否应该将细节数据和汇总数据保存在大数据环境中，以及如果将汇总数据和细节数据都保存到大数据环境中，在细节数据和汇总数据之间是否应该有某种联系。

首先，并没有理由说不应该将汇总数据和详细数据存储于大数据环境中。大数据环境能够很好地保存这两种数据。但是既然大数据能够保存详细数据和汇总数据，那么在详细数据和汇总数据之间是否应该有某种逻辑关系。换言之，是否应该将详细数据合计成汇总数据呢?

答案就是，虽然可以同时将详细数据和汇总数据存储于大数据环境之中，但是一旦将这些数据存储到大数据环境之中，它们之间就没有必然的联系了。原因就在于当计算数据并且创建汇总数据之时，必然要用到某种算法;而这种算法往往是不在大数据环境中存储的。因此，只要这样的算法没有在大数据环境中存储，详细数据和汇总数据之间就没有必然的逻辑关联。因此在大数据环境中，详细数据既可以合计成与之相关的汇总数据并存储于此，也可以不做合计。

图7.2.10显示了大数据环境中数据之间的关系。

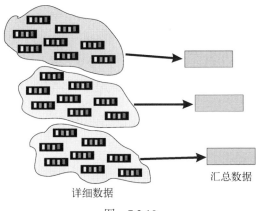

图   7.2.10

但是，如果要同时将详细数据和汇总数据保存到大数据环境中，且详细数据不需要合计成在此存储的汇总数据，那么至少应该编制文档来说明用于创建汇总数据的算法。图7.2.11说明，为算法编制的文档和详细数据的选用情况应该记录在存放于大数据环境中的汇总数据旁边。

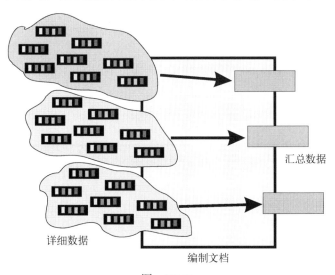

图   7.2.11

7.2.4　大数据中的元数据

尽管数据是大数据环境中存储的基本要素，但是很重要的一点是，不要忽视还有另一种类型的数据。这种数据就是元数据。元数据有很多形式，每个形式都很重要。比较重要的两种元数据的形式是原始元数据和导出元数据。原始元数据是指那些能够满足数据的直接描述性需求的元数据。典型的原始元数据包括以下这些信息。

- ❑ 字段名
- ❑ 字段长度
- ❑ 字段类型
- ❑ 标识特征的字段

原始元数据用于标识和描述大数据环境中存储的数据。导出元数据有很多种形式，包括以下这些。

- ❑ 对如何选择数据的描述
- ❑ 对何时选择数据的描述
- ❑ 对数据源的描述
- ❑ 对如何计算数据的描述

图7.2.12描述了不同类型的元数据。

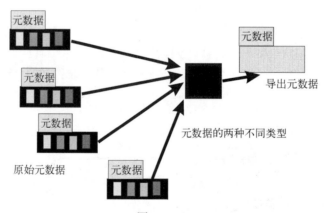

图　7.2.12

对于大数据环境中存储的元数据而言，要考虑的问题是这些元数据应该存放在何处。通常，可以将元数据存放在一个单独的存储库当中，而该存储库的存放是与数据本身物理隔离的。但是在大数据环境中，很有必要采用一种不同的元数据管理方式。在大数据环境下，在物理上将描述性元数据与其所描述的数据存放在同一位置和同一数据集中通常是很有意义的。

在物理上将元数据与数据本身存放在同一物理位置上有很多原因，其中包括以下几个。

- ❑ 存储器便宜。存储元数据所需的存储器的成本今后不再是问题了。
- ❑ 大数据环境缺乏规范。将元数据直接与其所描述的数据存放在一起，意味着元数据不会丢失或者放错地方。

❑ 元数据随时间变化。当元数据与其所描述的数据直接存储在一起时，该元数据与其所描述的数据之间总是存在某种直接关系。换言之，元数据绝不会与其所描述的数据断绝关联关系。

❑ 处理的简单化。当分析师开始处理大数据环境中的数据时，并不需要对元数据进行搜索。元数据通常很容易定位，这是因为它总是与被描述的数据存放在一起。

图7.2.13说明，在大数据环境中，将元数据嵌入到数据中并与之一同存储是一种很好的想法。

将原始元数据嵌入到实际的数据中（进行存储）

图　7.2.13

请注意，将元数据直接与大数据中的数据存储到一起的做法并不意味着不存在为大数据建立一个元数据存储库的可能性。毫无疑问，可以将无法在大数据环境中存储的元数据存放在某个存储库之中。

7.2.5　相互关联的数据

数据的基本问题之一是如何将数据相互联系到一起。这一问题在大数据中的情形与它在其他形式的信息处理中的情形是类似的。

在经典的信息系统中，数据之间的联系是通过数值的匹配来实现的。例如，一条记录中含有社会保障号，而另一条记录中也含有社会保障号。这两个数据单元就可以联系起来，因为在每条记录中都有相同的值出现。分析师可以99.999 99%地确定这其中有某种基本的联系。（如果追根问底的话，这是因为政府会在某个人去世后重新发行社会保障号，分析师无法100%确定这种联系是有效的。）

但是对于非结构化数据来说（也就是文本数据），当处于大数据环境之下时，有必要考虑另一种涉及数据联系的关系类型。此时，就有必要采用所谓的"数据的可能联系"。数据的可能联系是一种基于概率的联系，而不是一种基于实际值的联系。概率性联系会在有文本的地方出现。

举一个概率性联系的例子，试想一下基于姓名的数据联系。假设有两个姓名Bill Inmon和William Inmon出现在不同的记录之中。这些值应该联系起来吗？这两个姓名应该联系起来的概率很高，但是这也只是一种可能性，而不是确定性。假设在两条记录中都找到了姓名William Inmon，那么这两条记录应该联系起来吗？其中一条记录指的是亚利桑那州的杀人恶魔，而另一条记录指的是科罗拉多州的一位撰写数据仓库相关图书的作者。（这是一个真实的例子，可以在互联网上查询求证。）当涉及文本时，联系是基于匹配的可能性来完成的，而不是基于匹配的确定性。

图7.2.14说明，大数据环境中有不同类型的联系。

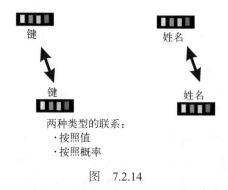

图　7.2.14

7.3　重复型分析

7.3.1　内部、外部数据

因为对于大数据来说存储成本非常低廉，所以将来自内部数据源以外的数据存储起来已经成为了可能。

在早期阶段，由于存储器的成本限制，企业唯一需要考虑存储的数据就是内部产生的数据。但是由于大数据技术的出现，存储成本有所降低，现在可以像内部数据那样来存储外部数据了。

存储外部数据面临的问题之一就是查找和使用标识符。但是，文本消歧处理也可以像应用于内部数据那样应用于外部数据，这样就完全可能为外部数据确立单独的标识符。

图7.3.1说明，在大数据环境中存储外部数据具备了某种现实可能性。

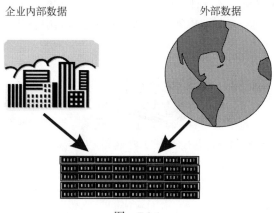

图　7.3.1

7.3.2 通用标识符

当在大数据环境中存储数据并且使用文本消歧处理将数据转换成标准数据库格式时,就出现了通用标识符或者通用度量这样的主题。因为数据有多样的来源,因为在不同的数据源中数据缺乏或者说没有准则和统一性,而且因为要将数据与通用度量关联起来,所以需要在所有的数据来源之上建立起统一的度量特征。

有些通用度量是非常明显的,也有一些通用度量并非如此。

以下是数据可能包含的三种标准或者说通用度量。

❏ 时间:格林尼治标准时间

❏ 日期:儒略日

❏ 货币:美元

毫无疑问,还有其他一些通用度量。这些度量中的每一种都有其自己的特点。

格林尼治标准时间(Greenwich Mean Time,GMT)是在穿过英国格林尼治的子午线上的时间。对于GMT,好消息就是人们对于这一时间的内涵有着统一的理解。坏消息是,它与世界上其他23个时区的时间不一致。但是至少人们对世界上至少一个地方的时间能够达成共识了。

儒略日是从第0天起算的顺序计日法,而第0天就是公元前4713年的1月1日。儒略日的价值就在于它是一种通用的方法,将日期数缩减成为有序的数值。在标准历法中,计算2014年5月16日和2015年1月3日之间究竟有多少天是一件比较复杂的工作。有了儒略日方法后,这样的计算就非常简单了。

与其他度量一样,美元也是一种很好的货币度量方式。但是即使采用了美元作为度量方式也仍然存在挑战。例如,美元与其他货币之间的兑换比率也是不断变化的。如果果你要将美元转换成其他货币,并且在2月15日计算出一个数值,那么当你在8月7日做同样的货币转换计算时,非常有可能得到一个不同的数值。但是在所有其他因素都相同的情况下,美元仍然是从经济上度量财富的一种很好方式。

图7.3.2展示了一些通用的度量。

时间:GMT

日期:儒略日
一些标准的数据度量

货币:美元

图 7.3.2

7.3.3 安全性

对数据而言,另一个非常令人关注的重点就是数据的安全性(普遍问题,而并不仅限于大数据）。对于为什么需要确保数据的安全，差不多有成百上千个原因，其中包括以下几个。

❑ 出于隐私方面的原因，卫生保健数据需要具备安全性。

❑ 为防止偷窃或者出现个人丢失，个人的金融数据需要具备安全性。

❑ 因为企业内部的交易规定，企业的金融数据也需要具备安全性。

❑ 需要确保交易秘密，企业活动也需要具备安全性。

当谈到安全性时，需要对特定数据保持最大限度的关注是有多方面原因的，如图7.3.3所示。

安全性是一个问题

图　7.3.3

安全性有很多方面。在这里只能涉及其中一小部分。安全性最简单的形式（也是最有效的形式之一）就是加密。加密过程就是获取数据并且将实际值替换成加密值的过程。例如，你可以获取文本Bill Inmon并且将其替换为Cjmm Jmopm。在这个例子中，我们只是使用字母表中的下一个字母来替换实际值而已。一个好的译码员可能只需要花费很短的时间就能解密数据。不过优秀的加密分析师可以找出很多种加密数据的方法，而这些方法可能会难倒最老练的分析师。

不管怎么说，数据加密过程都是很常用的。一般来说，一个数据库中数据的字段会进行加密。例如在卫生保健领域，只需要对标识信息进行加密，而剩下的数据都可以保持不变。这样就可以在应用于研究的同时不损害数据的隐私性。图7.3.4展示了对数据字段所做的加密。

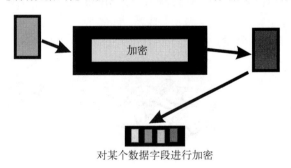

加密

对某个数据字段进行加密

图　7.3.4

有很多问题是与加密相关的，比如以下几个。

❑ 加密算法的安全性如何？

❑ 谁能对数据进行解密？

❑ 应该对需要被索引的字段进行加密吗？

❑ 应该如何保护解密密钥?

比较引人关注的问题之一就是加密的一致性。假设你对姓名Bill Inmon进行了加密,后来在某个地方需要再次对姓名Bill Inmon进行加密。这就需要确保在所有需要对Bill Inmon加密的地方采用同样的方式进行加密。这是非常必要的,因为当你需要基于某个已经加密的值来关联记录时,如果没有采用一致的加密,就无法实现这一目的。图7.3.5展示了对加密一致性的需求。

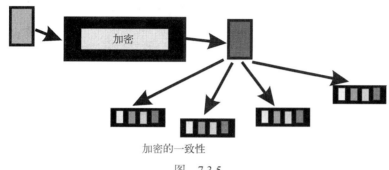

加密的一致性

图　7.3.5

安全性另一个有意义的方面是要看哪些人试图查看加密的数据。对加密信息的访问和分析可能完全是无恶意的。然而,这些行为也可能根本不是无恶意的。通过检查日志磁带,查看有谁试图访问那些(加密)数据,分析师可以判断是否有人试图访问他们不应该看到的数据。图7.3.6说明,在判断是否存在违背安全性的行为方面,检查日志磁带是一种很好的实践方法。

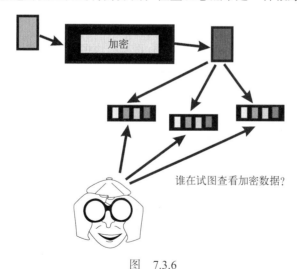

谁在试图查看加密数据?

图　7.3.6

7.3.4 筛选、提炼

在分析重复型数据时,有两种基本的处理方式,即提炼和筛选。

在数据的提炼过程中，可以选择和读取重复型记录。之后分析数据，查找平均值、总值、异常值等。在完成分析之后会得到单一的结果，这样就完成了提炼过程。

通常，提炼既可以是按照计划进行的，也可以是不规律、不按时间表进行的。图7.3.7说明了重复型数据的提炼过程。

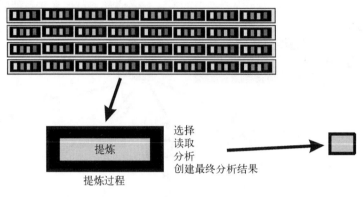

图   7.3.7

针对重复型数据的另一种处理就是筛选和重组重复型数据。在数据的选择和分析方面，筛选过程与提炼过程非常相似；但是数据筛选的输出是不同的。在筛选处理中，输出可以有很多记录，而且筛选是规律、按照时间表进行的。图7.3.8描述了重复型数据记录的筛选过程。

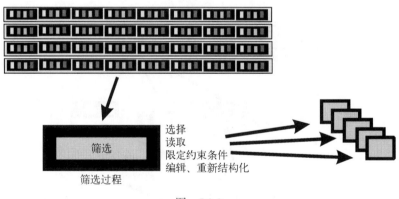

图   7.3.8

7.3.5   归档结果

大多数针对重复型数据所做的分析处理会因为项目的不同而不同，而基于项目来进行分析处理是存在问题的。问题就在于一旦项目完成，其结果就会被丢弃或者束之高阁。只有在执行另一个项目的时候问题才会显露出来。当开始一个新项目时，如果能够看到在当前分析之前还做了哪些分析就非常方便了，它们可能是相互重叠的处理，也可能是互补的处理。即使什么都没有，给出一个对此前所做分析的描述也会很有用。

因此，在项目结束之后为该项目创建一个存档是非常有用的。存档之时需要考虑的信息一般有以下这些。

- ❏ 项目中涉及什么样的数据？
- ❏ 数据是如何选择的？
- ❏ 使用了哪些算法？
- ❏ 在项目中有多少次迭代？
- ❏ 项目达到了什么结果？
- ❏ 结果存储在哪里？
- ❏ 谁主导了该项目？
- ❏ 该项目的实施花费了多长时间？
- ❏ 谁赞助了该项目？

图7.3.9说明对一个项目进行归档是非常值得做的事情。至少，应该把该项目所创建的结果收集起来并进行存储，如图7.3.10所示。

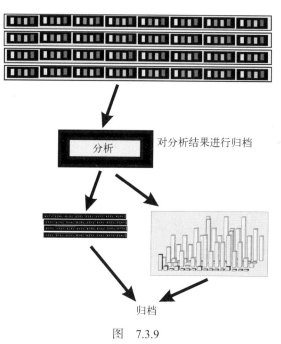

图　7.3.9

为分析结果编制文档

数据结构
数据位置
属性

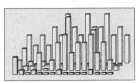

分析日期
由谁分析
分析描述
采用的基本度量
进行的计算
创建的数据

图　　7.3.10

7.3.6　指标

在重复型分析开始时，很有必要建立一些指标，用来确定一个项目是否已经达到了目标。概述这些指标的最佳时机就是在项目刚开始的时候。

在刚开始描述这些指标是有些问题的。问题就是，在一个采用启发式方式运行的项目中，很多指标都是无法确定的。不过，在一开始就概述这些指标可以使项目具有一定的聚焦感。

指标可以采用非常广泛的术语来描述。没有必要在非常低的层次上定义指标。图7.3.11展示的指标定义了项目已经成功或者尚未成功。

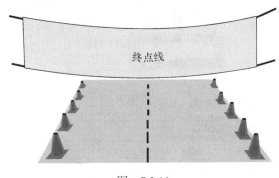

终点线

图　　7.3.11

第8章
非重复型分析

8.1 非重复型数据

大数据环境中有两种类型的数据：重复型数据和非重复型数据。重复型数据的处理相对容易，这是因为数据结构的重复型本质使然。但是非重复型数据的处理就不那么容易了，因为非重复型环境中的每一个数据单元在用于分析处理之前都必须单独进行解释。

图8.1.1中表现的是非重复型数据在大数据环境中的一种原始状态。

非重复型数据

图　8.1.1

大数据环境中的非重复型数据之所以称为"非重复的"，是因为其每一个数据单元都是唯一的。图8.1.2说明，非重复环境中的每一个数据单元都与其前面的数据单元有所不同。

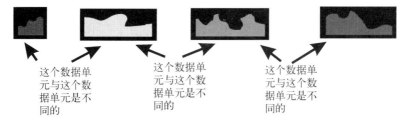

这个数据单元与这个数据单元是不同的　　这个数据单元与这个数据单元是不同的　　这个数据单元与这个数据单元是不同的

图　8.1.2

大数据环境中非重复型数据的例子有很多，比如以下这些。

❑ 电子邮件数据
❑ 呼叫中心数据

> ❑ 企业合同
> ❑ 质保索赔
> ❑ 保险索赔

实际上，非重复型数据的两个单元是可能相同的。图8.1.3展示了这种可能性。要举例来说明两个非重复型数据单元可能是相同的，可以试想一下两封都含有同一单词yes的电子邮件。在该例中，两封电子邮件是完全相同的，但是实际上它们的这种相同只不过是一种随机性的表现而已。

如果有两个数据单元是相似甚至相同的，
那纯属偶然

图　　8.1.3

一般来说，当有文本进入大数据环境时，大数据中存储的数据单元是非重复型的。采用搜索技术是处理非重复型数据的方式之一。搜索技术可以用于完成扫描数据的任务，而搜索技术也还有很多需要改进之处。搜索技术的两个主要缺陷是：一方面，搜索技术只是搜索数据，并不能产生一个可以随后用于分析的数据库；另一方面，搜索技术不能查找或者提供当前被分析文本的语境。此外，搜索技术还有其他一些局限性。

为了针对非重复型数据进行广泛的分析处理，有必要读取非重复型数据并且将非重复型数据转换成某种标准的数据库格式。有时也会将这个过程视为读取非结构化数据并且将其转换为结构化数据的过程。这确实是对该过程的一个很好的描述。

读取非重复型数据并且将其转换成数据库的过程叫作文本消歧或者文本ETL。文本消歧必然是一个复杂的过程，因为它所处理的（自然）语言是非常复杂的。文本处理是一个复杂的过程，这是无法回避的事实。

使用文本消歧处理大数据环境中非重复型数据的结果就是创建一个标准数据库。一旦数据以标准数据库的形式进行存放之后，就可以使用标准分析技术来对其进行分析。文本消歧的机制如图8.1.4所示。

文本ETL处理的一般流程如下。第一步是查找和读取数据。这一步通常是非常简单的。但是，有时候为了能够继续进行下一步处理，还需要把数据"理清楚"。有时候，数据是以一个单元接一个单元的形式存放的，这也是"标准"（或者说简单）的情形。还有些情况下，数据单元是整合成单个文档的，而且为了便于处理，文档中的数据单元必须是相互分离的。

第二步是检查数据单元并且确定需要处理哪些数据。有时候，所有的数据都需要进行处理；而在另一些场合，只需要处理特定的数据。一般来说，这一步是比较简单的。

第三步是"解析"非重复型数据。"解析"这个词是有一点误导性的，因为在这个步骤中，系统会应用大量的逻辑；而"解析"这个词只能表达一个简单的过程，但是这一步中出现的逻辑其实并不那么简单。本节的剩余部分将探讨这种逻辑。

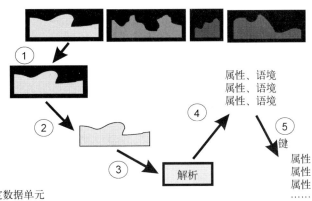

① 选定数据单元
② 选定数据单元中感兴趣的数据
③ "解析"感兴趣的数据（或者说经过"文本消歧"处理）
④ 确定基本属性和语境
⑤ 创建基本数据库记录

图　8.1.4

解析了非重复型数据之后，会将数据的属性、数据的键，以及数据记录都识别出来。一旦将键、属性和记录都识别出来，将该数据转换成为标准数据库记录就是一个简单的过程了。

在此之后，就到了文本消歧处理过程。文本消歧的核心在于将非重复型数据分析并转换成键、属性和记录时所采用的处理逻辑。

这里出现的逻辑活动大体可以分为几类。图8.1.5展现了这些类别。

文本ETL

文本消歧：
·语境化
·标准化
·基本编辑功能

图　8.1.5

文本消歧中应用的基本逻辑活动包括以下这些活动。

❑ 语境化：识别和捕获数据的语境
❑ 标准化：标准化文本的特定类型
❑ 基本编辑功能：对文本进行基本的编辑

实际上，文本消歧还有其他一些功能，但是这三类活动已经能够涵盖在文本消歧过程中发生的绝大多数重要处理了。

本节剩下的部分将解释文本消歧中所用到的逻辑。

8.1.1　内联语境化

有一种形式的语境化叫作内联语境化（inline contextualization，有时也叫作命名值处理）。只有当文本存在重复和可预测性时，才会采用内联语境化。请注意，在很多情况下文本都没有可预测性，因此在这些情况中是不能应用内联语境化的。

内联语境化是通过分析一个单词或者短语之前和之后的文本来推断其语境的过程。要举例来说明内联语境化，可以看看这样一段原始文本：2. This is a PAID UP LEASE.

语境名称是Contract Type（合同类型）。起始分隔符为"2. This is a"，而结束分隔符为"."。系统会在分析数据库中产生下面这样一条记录。

Doc name, byte, context – contract type, value – PAID UP LEASE.

图8.1.6展示了系统在确定内联语境化时对原始文本所做的处理。

图   8.1.6

请注意，起始分隔符必须是唯一的。如果你指定"is a"作为起始分隔符，那么每一个出现词语"is a"的地方都会限制为起始分隔符。然而，可能会有很多出现术语"is a"的地方并没有指定内联语境化。

还要注意，结束分隔符也必须准确指定。在本例中，如果该术语并未以"."结束，那么系统也不会认为这条记录是一条匹配的记录。

由于结束分隔符必须要准确指定，分析师还要指定一个最大字符数。最大字符数可以告诉系统应该搜索多远的距离，以确定是否能够找到结束分隔符。

分析师有时也希望以某个特殊字符来结束内联语境化搜索。此时，分析师需要指定所需的特殊字符。

8.1.2   分类法/本体处理

另一种说明语境的有效方式是借助分类法和本体。分类法可以为语境化做很多重要的工作。首先就是适用性方面。内联语境化需要应用于文本出现重复且可预测的场合，而分类法则没有这样的要求。分类法可以应用于任何场合。分类法的第二个重要特征是分类法可以在外部应用。这就意味着在选择适用的分类法时，分析师会在很大程度上影响原始文本的解释。

例如，假设分析师要将某个分类法应用于短语"福特总统驾驶一辆福特汽车"。如果分析师的解释是希望推断有关汽车的信息，那么分析师就会选择一个或多个将"福特"解释为汽车的分类法。但是如果分析师要选择一个与美国历史上的总统相关的分类法，那么"福特"就会被解释为美国的一位前总统。

这样，在将正确的分类法应用于待处理的原始文本时，分析师就具有了强大的能力。图8.1.7说明了针对原始文本的分类法进行处理时所采用的一种机制。

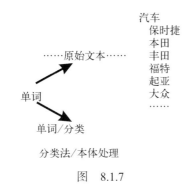

图　8.1.7

要举一个简单例子来说明将分类法应用于原始文本，可以考虑如下示例。

原始文本"……她把她的本田开进了车库……"所使用的简单分类法如下所示。

❑ 汽车

　■ 保时捷

　■ 本田

　■ 丰田

　■ 福特

　■ 起亚

　■ 大众

　■ 等等

将该分类法应用于原始文本后，其结果如下所示。

Doc name, byte, context – 汽车, value – 本田

为了能够适应其他处理，有时还有必要创建如下的第二条记录。

Doc name, byte, context – 汽车, value – 汽车

之所以有必要在分析数据库中创建第二条记录，是因为你有时需要处理所有的值，而且希望将语境也作为一个值进行处理。这也正是有时系统会在分析数据库中产生两条记录的原因。

请注意，文本ETL在操作分类法/本体之时会将其视为简单的单词对。实际上，分类法和本体要比简单的单词对复杂得多。但是，即使是最复杂的分类法，也可以分解为一系列简单的单词对。

一般来说，将分类法作为语境化的一种形式来使用是分析师在确定原始文本语境时最有力的工具。

8.1.3　自定义变量

另一种非常有用的语境化的形式是识别所创建的自定义变量（custom variable）。几乎每一个

组织都有自定义的变量。自定义变量就是可以从单词或者短语的格式中完整识别出来的一个单词或者短语。例如，制造商会以"AK-876-uy"的形式来定义其零件编号。看看常见的零件编号可以发现，零件编号的一般形式是"CC-999-cc"，其中"C"代表一个大写的字符，"-"就代表"-"，"9"代表任意数字，而"c"代表一个小写的字符。

通过查看单词或短语的格式，分析师可以立即找出变量的语境。

图8.1.8说明了如何使用自定义变量来处理原始文本。

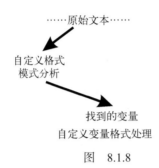

图　8.1.8

为了举例说明自定义变量的使用，可以考虑下述原始文本。

……我要再订购两箱的TR-0987-BY，请于……交付……

在处理该原始文本时，在分析数据库中要创建下述记录。

Doc name, byte, context – 零件编号, value – TR-0987-BY

请注意，有几种自定义变量是经常使用的（在美国）。一种是999-999-9999，这是电话号码的常见格式。还有999-99-9999，这是社会保障号的一般格式。

分析师可以创建他（她）所希望的任何模式来处理原始文本。唯一的"难题"就在于，有时候会有多种类型的变量与另一个变量具有相同的格式。在这种情况下，如果试图使用自定义变量，就会造成混淆。

8.1.4　同形异义消解

语境化的一种有效形式就是所谓的同形异义消解（homographic resolution）。为了理解同形异义消解，假设有下面（非常真实）的例子。有些医生试图理解其他医生的记录。术语"ha"就给这些医生带来了很大的难题。当一个心脏病专家写下"ha"时，这位心脏病专家指的是"心脏病发作"。当一个内分泌专家写下"ha"时，他指的是"甲型肝炎"。当一个全科医生写下"ha"时，他指的是"头痛"。

为了创建一个正确的分析数据库，必须对术语"ha"进行正确解释。如果不能正确解释术语"ha"，那么那些患有心脏病、甲型肝炎和头痛的病人就会混到一起了，这样必然就会导致错误的分析。

同形异义消解有几个要素。第一个要素是同形异义词本身。在本例中的同形异义词是"ha"。第二个要素是同形异义词类别。本例中的同形异义词类别包括心脏病专家、内分泌专家和全科医生。同形异义词消解就是：对于心脏病专家来说，"ha"的意思就是"心脏病发作"；对于内分泌专家来说，"ha"的意思就是"甲型肝炎"；而对于全科医生来说，"ha"的意思就是"头痛"。

同形异义消解的第四个要素就是每个同形异义词的类别必须有指定给该类别的典型词。例如，一个心脏病专家使用"ha"时可能会与"大动脉""支架""搭桥"和"瓣膜"等词有关。

这样，同形异义消解就有以下四个要素。

(1) 同形异义词

(2) 同形异义词类别

(3) 同形异义词消解

(4) 与同形异义词类别相关的单词

图8.1.9说明了如何针对原始文本来进行同形异义词处理。

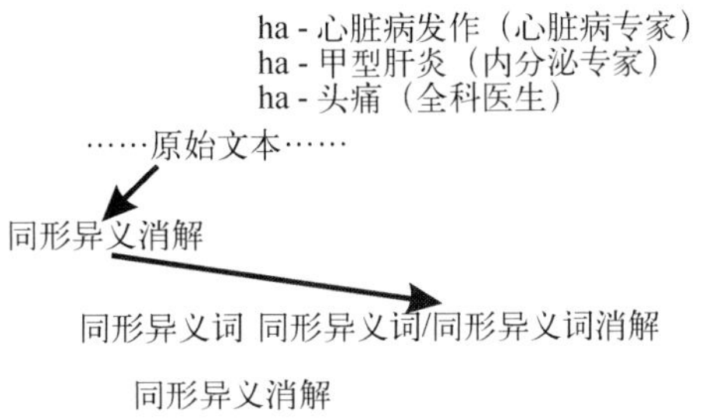

图 8.1.9

假设有如下的原始文本。

…120/68, 168 lb, ha, 72 bpm, f, 38,…

对该原始文本进行处理之后，在数据库中可能会产生下面这样的条目。

Document name, byte, context –头痛, value – ha

对于同形异义词的说明必须要仔细。系统消解同形异义词潜在所需的工作量是相当大的，因此系统开销是需要考虑的。此外，分析师可以指定一个不受任何同形异义词分类限定的缺省同形异义词分类。在这种情况下，系统就会缺省选择分析师指定的同形异义词分类。

8.1.5 缩略语消解

另一种相关的消解形式是对缩略语的消解。在原始文本中随处可见缩略语。缩略语是交流的一个标准组成部分。此外，缩略语往往是围绕某些主题域的。有IBM缩略语、军事缩略语、即时消息缩略语、化学缩略语、Microsoft缩略语等。为了能够清晰地理解交流的内容，最好对缩略语进行消解。

文本ETL可用于消解缩略语。当文本ETL读取原始文本并且标记出一个缩略语时，文本ETL会将缩略语替换成文字值。图8.1.10展示了文本ETL读取原始文本并且对其查找到的缩略语进行消解的动态过程。

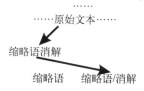

awol - away without official leave
lol- laughing out loud
lmao - laughing my rear end off
cics - customer information control system
tba - to be arranged
……

……原始文本……

缩略语消解

缩略语　　缩略语/消解

图　8.1.10

为举例说明缩略语是如何消解的，假设有如下的文本。

Sgt Mullaney was awol as of 10:30 pm on Dec 25…

分析数据库中会产生下面的记录：

Document name, byte, context – away without official leave, value awol

文本ETL通过区分类别来组织消解相关的术语。当然，也可以在与消解相关的术语装载到系统之后对其进行定制。

8.1.6　否定分析

有时，文本中说明的是一些并不会发生的事情，而没有说明已经发生的事情。这样，如果采用了标准语境化，就需要涉及一些不会发生的事情。为了确定文本叙述中何时出现了一个否定，文本ETL需要识别否定。

例如，如果一份报告中提到"……John Jones没有过心脏病发作……"，那么就不需要提及John Jones有过心脏病发作；相反，需要提及John没有过心脏病发作的事实。

文本ETL实际上可以通过很多种方式来完成否定分析。最简单的方式就是创建一个有关否定术语的分类法，例如"一个也没有、不是、几乎不、没有……"，并且对这些否定词的出现保持跟踪。此后，如果一个否定词与同一个句子中的另一术语一起出现，就可以推断出有些事情不会发生。

图8.1.11说明了如何创建一种否定分析形式来处理原始文本。

举例说明否定分析，假设有这样的文本。

……John Jones没有过心脏病发作……

这样就会生成如下这样的数据。

Document name, byte, context – 否定, value – 没有

Document name, byte, context – 条件, value – 心脏病发作

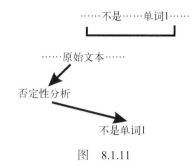

图　8.1.11

对于否定分析必须要小心，因为并不是所有形式的否定都很容易处理。好消息是大多数语言上的否定形式都是直接而容易处理的。但是坏消息就是有些形式的否定需要用到一些面向文本ETL管理的复杂技术。

8.1.7　数字标注

另一种有用的语境化形式是数字标注。一个文档中含有多个数值是很常见的。而且，通常一个数值表达的是一回事而另一个数值表达的又是另一回事。

例如一个文档中可能含有下述几项。
- 支付金额
- 后期收费
- 利息金额
- 盈利金额

对于分析文档的分析师而言，"标注"不同的数值是非常有用的。这样做，分析师可以直接根据含义来查阅数值。这就使含有多个数字值的文档分析非常便捷。（换言之，如果在文本ETL处理时没有进行标注工作，访问和使用该文档的分析师就必须在分析该文档的同时做这项分析，而这又是一项耗时而枯燥的工作。在进行文本ETL处理之时标注数值更加简单。）

图8.1.12说明了如何读取原始文本，以及如何为数值创建标签。

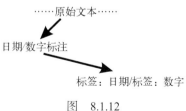

图　8.1.12

要举例说明文本ETL如何读取文档并标注数字值，可以考虑下面的原始文本。
……发票金额——813.97美元……
分析数据库中会出现如下所示的数据记录。

Document name, byte, context – 发票金额, value – 813.97

8.1.8   日期标注

日期标注与数字标注的操作基本相同。唯一的差别就在于日期标注操作的是日期而不是数值。

8.1.9   日期标准化

当需要管理多个文档或者需要基于日期分析单个文档时，日期标准化就显得很有用了。日期的问题就在于它可以按照很多种方式进行格式化。日期可以采用的格式通常包括以下几种。

- ❏ May 13, 2104
- ❏ 23rd of June, 2015
- ❏ 2001/05/28
- ❏ 14/14/09

尽管一个人可以阅读这些形式的数据并且理解其含义，但是计算机却不能。

通过文本ETL进行日期的标准化，会读取数据，将其识别为日期，识别文本中表示的是什么样的日期值，并且将该日期值转换成一个标准值。此后将标准值存储到分析数据库中。图8.1.13展示了文本ETL如何读取原始文本，以及如何将日期值转换成标准值。

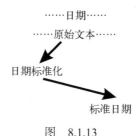

……日期……
……原始文本……

日期标准化

标准日期

图   8.1.13

为举例说明文本ETL对原始文本所做的处理，假设有如下的原始文本。

……她于July 15, 2015结婚，是在科罗拉多州南部的一个小教堂……

在分析数据库中会产生如下的记录：

Document name, byte, context – 日期值, value – 20150715.

8.1.10   列表的处理

有时候文本中会包含一个列表。而且有时这样的列表需要作为列表进行处理，而不能作为一个连续的文本字符串来处理。

如果需要，文本ETL可以识别并处理这样的列表。图8.1.14展示了如何读取原始文本并通过文本ETL将其处理为一个可识别的列表。

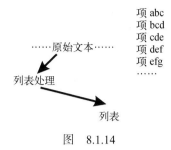

图　8.1.14

假设有如下的原始文本。

配方成分

1：大米

2：食盐

3：辣椒粉

4：洋葱

……

文本ETL可以读取该列表并且将其处理为下述记录。

Document name, byte, context – 菜谱列表要素1, value – 大米

Document name, byte, context – 菜谱列表要素2, value – 食盐

Document name, byte, context – 菜谱列表要素3, value – 辣椒粉

8.1.11　联想式词处理

有时，文档的重复是在结构方面而并非是在词汇或内容方面。这种情况下，就有必要使用一种名为联想式词处理（associative word processing）的文本ETL功能。

在联想式词处理中，首先为数据创建一个精心定义的结构，然后根据单词的常见含义来定义该结构中的单词。图8.1.15描述了联想式词处理的过程。

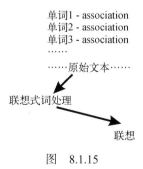

图　8.1.15

为举例说明联想式词处理，假设有如下原始文本。

"合同ABC，要求部分，所需的会议——每两周一次，……"

输出到分析数据库的记录如下所示。

Document name, byte, 预定会议, value – 所需的会议

8.1.12 停用词处理

也许文本ETL中最简单的处理就是停用词的处理了。所谓的停用词就是那些在正确的语法中必不可少但是在理解文本所表达的含义时却没有作用或者不必要的单词。英语中典型的停用词有a、and、the、is、that、what、for、to、by等。西班牙语中典型的停用词有el、la、es、de、que和y等。所有拉丁语系的语言都含有停用词。

在做文本ETL时去除停用词，而且分析师也可以定制停用词列表——这一功能通常都是产品自带的。去除必要的停用词可以有效降低使用文本ETL处理原始文本的开销。

图8.1.16展示了如何使用文本ETL对原始文本做停用词处理。

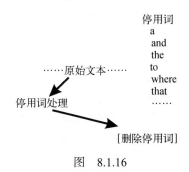

图   8.1.16

为了直观地了解停用词处理工作是如何进行的，假设有如下的原始文本。

…he walked up the steps, looking to make sure he carried the bag properly…

当去除停用词之后，原始文本就会变成下面这样。

…walked steps looking carried bag…

8.1.13 提取单词词根

另一种有时很有用的文本ETL编辑处理功能就是提取词根。拉丁语系和希腊语系的单词都有词根，同一个单词经常会有很多种形式。例如词根mov的不同形式有move、mover、moving和moved。请注意，词根本身可能是一个实际有的单词，但也可能不是。通常，将那些使用同一词根的文本关联起来是很有用的。在文本ETL中将一个单词缩减为它的词根也是很容易的，如图8.1.17所示。

为了查看如何进行单词填写过程，假设有下面的原始文本。

…she walked her dog to the park…

结果会产生如下数据库记录。

Document name, byte, stem – walk, value – walked

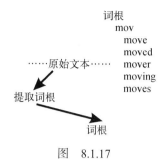

图 8.1.17

8.1.14 文档元数据

有时为组织所管理的文档建立索引也很有用。索引的创建可以只是索引本身，也可以将索引与文本ETL中其他的可用功能一起创建。设计这两种类型的索引需要根据业务情况来考虑。

一个文档索引的典型内容包括以下这些数据。

❑ 文档创建的日期

❑ 文档最后访问的日期

❑ 文档最后更新的日期

❑ 文档由谁创建

❑ 文档长度

❑ 文档标题或者名称

图8.1.18说明可以借助文本ETL来创建文档元数据。

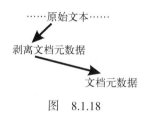

图 8.1.18

假设某个组织有一份合同文档。对该合同文档运行文本ETL之后，在分析数据库中可以产生如下记录。

Document name, byte, document title – Jones Contract，1995年7月30日，32 651字节，由Ted Van Duyn创建，……

8.1.15 文档分类

除了收集文档元数据，还可能需要将文档归类到某个索引中。为举例说明文档的分类，假设当前有一个石油公司。在一个石油公司中，可以按照文档与公司各部门的从属关系来进行分类。有些文档是关于勘探的，有些是关于石油生产的，有些是关于提炼的，等等。文本ETL可以读取文档并且确定文档属于哪一个分类。

图8.1.19展示了原始文本的读取和文档的分类。

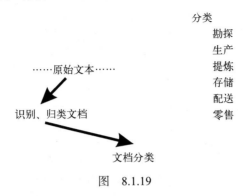

图　8.1.19

举例来说明文档分类，假设企业有一份关于深水钻井的文档。那么就会产生下面这样的数据库记录。

Document, byte, document type – 勘探, document name – ……

8.1.16　相近度分析

有时，分析师需要研究那些相互比较接近的单词或者分类法。例如，当一个人看到New York Yankees的字样，会认为这是一个关于棒球队的文档。但是当单词New York和Yankees之间相隔了两到三页文本时，他所持的看法就完全不同了。

因此，在文本ETL中能够完成所谓的相近度分析（proximity analysis）是很有用的。相近度分析对实际的单词或者分类法（或者这些要素的组合）进行操作。分析师指定待分析的单词或者分类法，根据文本的需要给出这些单词的相近程度，并且为相近度变量指定名称。

图8.1.20展示了针对原始文本的相近度分析操作。

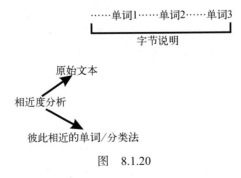

图　8.1.20

为举例说明针对原始文本的相近度分析，假设有下面这样的原始文本。

……诞生在马槽，没有给孩子的婴儿床……

假设分析师指定单词"马槽""孩子"和"婴儿床"是构成相近度变量的单词，它们都与小耶稣相关。

该处理的结果如下所示。

Document name, byte, context – 马槽、婴儿床、孩子, value – 小耶稣

对于相近度分析来说，必须要注意，如果要查找的相近度变量有很多，将会消耗大量的系统资源。

8.1.17　文本 ETL 中功能的先后顺序

文本ETL过程中会出现很多不同的功能。对于给定的文档和需要进行的处理而言，各种功能的顺序对于结果的有效性具有极大影响。实际上，各功能的顺序决定了得到的结果是否准确。

因此，文本ETL更为重要的特性之一就是能够对各功能的执行顺序进行排序。

图8.1.21说明，对不同功能的排序取决于分析师的决断力。

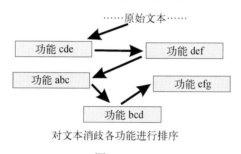

对文本消歧各功能进行排序

图　8.1.21

8.1.18　内部参照完整性

为了能够对很多不同的变量和很多不同的关系保持跟踪，文本ETL具有一种复杂的内部结构。为了使文本ETL的任何给定迭代处理都正确执行，必须正确定义内部关系。换言之，如果没有正确定义文本ETL的内部关系，文本ETL就无法正确执行，而且获得的结果也不会准确而有效。

为举例说明文本ETL中的内部关系，假设需要定义一个文档。当文档定义完毕之后，可以为该文档创建不同的索引。当定义好不同的索引之后，还必须对定义索引时用到的分隔符进行定义。在文本ETL正确运行之前，这一整套基础设施必须到位。

为了确保所有的内部关系都得以准确定义，在文本ETL运行之前，必须执行验证处理。

图8.1.22展示了对验证处理的需求。

如果有任何一个或多个内部关系没有定义或者定义得不合适，那么验证过程就会发送一条消息，识别次序发生错误的关系，并且声明未能正确通过验证过程。

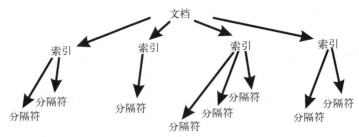

有一种数据定义的内部组织结构，要求在处理之前对关系的参照
完整性进行检查

图   8.1.22

8.1.19   预处理、后处理

文本ETL的处理过程具有很多的复杂性。大多数情况下文档都可以在文本ETL的边界内得以
完全处理。然而有时候，如果必要，还可能要对文档进行预处理或者后处理。

文本ETL既可能涉及文本预处理，也可能涉及文本
后处理

图   8.1.23

文本ETL被设计为在计划范围内尽可能多地进行处理。预处理和后处理之所以并不是工作流
程中的一个常规部分，就是因为开销问题。当你进行预处理或者后处理时，处理开销就会提升。

如果确实有必要运行预处理，那么在预处理中可以出现一些活动，比如以下这些。

❑ 筛选出不想要和不需要的数据
❑ 修复数据的模糊逻辑
❑ 数据的分类
❑ 数据的粗编辑功能

图8.1.24展示了预处理程序中可能出现的处理。

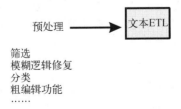

筛选
模糊逻辑修复
分类
粗编辑功能
……

图   8.1.24

有时，如果不预先使用预处理程序进行处理，有的文档就无法使用文本ETL进行处理。对于

这种情况，预处理程序就派上用场了。

在ETL处理之后，还可能需要对文档进行后处理。后处理所能实现的功能如图8.1.25所示。有时，一条索引记录在被清除之前需要进行编辑。有时，在数据变成最终用户所期望的形式之前需要对其进行合并。这些都是要在后处理中进行的典型工作。

图 8.1.25

8.2 映射

映射是一个定义规范的过程，规定了如何使用文本ETL来处理一个文档。每一种待处理的文档都对应一个单独的映射。文本ETL的优良特性在于：分析师可以基于以前的映射规范来创建新的映射。在很多场合，一个映射可以与另一个映射非常相似。如果新建的映射与以前创建的映射非常相似，那么分析师就不需要重新创建了。

乍一看，创建映射是一个令人困惑的过程。这与航空公司的飞行员操控飞机很像，有很多控制面板和很多开关与按钮。对于未受过训练的人来说，驾驶飞机几乎就是一件非凡的任务。

然而，一旦采用一种有组织的方法，学习创建映射就是一个简单过程了。图8.2.1给出了分析师在创建映射的过程中需要询问的问题。大多数问题都很简单，但是也有一些问题需要进一步解释。

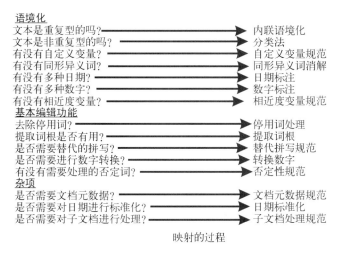

映射的过程

图 8.2.1

首要的观点是重复型和非重复型的文本记录与结构化文本的重复之间是存在差别的。本书中的确已经出现过"重复和非重复"这样的字眼，但是它们的含义是完全不同的。

重复型的数据记录指的是重复出现而且在结构上（甚至是语境上）都非常相似的数据记录。非重复型记录是指一条记录与下一条记录之间有很少或者根本没有重复的记录。

但是重复型文本就是完全不同的东西了。重复型文本指的是在多个文档中以同样方式或者非常相似的方式出现的文本。重复型文本的一个简单例子就是格式合同。在格式合同中，律师采用了一个基础合同，并且为其增加了一些字句。同样的合同会以重复的方式一次次出现。重复型文本的另一个例子就是血压。在血压读数中，会将血压书写为"bp 124/68"。第一个数字是心脏舒张读数，而第二个读数是心脏收缩读数。当一个人遇到"bp 176/98"时，就会准确知道该文本的含义了。这样的文本就是重复型的。

当然，你可以根据应用情况使用多种技术和规范。你可以同时使用分类法、内联语境化和自定义的格式编排等。你也可以仅使用分类法处理，或者仅使用内联语境化。数据以及你想对数据进行的操作决定了你该如何选择要进行的处理。

为变量选择名称是现实存在的一个问题。例如，在你创建了一种自定义格式后会为变量选定一个名称。假设你要获取电话号码，可以使用形如"999-999-9999"这样的规范。当你需要以某种富有含义的方式给自己定义的变量命名时，变量名就变成了语境。

例如，对一个电话号码来说，"variable001"这样的名称就是一个很糟糕的名称。当遇到"variable001"时，没有人知道你想表达的意思。相反，像"telephone_number001"这样的名称就更加合适。当人们读到"telephone_number001"时，马上就能明白它所表达的含义。

映射的定义意味着映射是以迭代方式实现的。在你要创建映射的时候，你所创建的映射不大可能成为最终的映射。更为可能的情况是，当你创建了一个映射后，会针对文档运行该映射，然后回过头来对映射进行调整。文档是复杂的，而且语言也是复杂的。语言中有大量的细微差别会令人们想当然。因此，要想在第一次创建映射的时候就能创建出一个完美的映射并不现实。即使对于最有经验的人来说，也不可能做到这一点。

文本ETL通常有多种方式来处理同一解释。很多情况下，匹配器可以用多种方式来实现同一结果。在文本ETL中做某些事情的时候，并没有哪一种方式是绝对正确或者错误的。你可以选择最对自己胃口的方式。

文本ETL对于资源消耗很敏感。一般来说，文本ETL是以一种高效的方式运行的，只是需要注意避免以下这些情形。

❑ 查找的相近度变量超过4~5个。查找过多的相近度变量可能导致文本ETL崩溃。

❑ 查找多个同形异义词。查找多于4~5个同形异义词消解时，很可能会导致文本ETL崩溃。

❑ 分类法处理。在一个分类法中装载超过1000个单词时，会造成系统运行缓慢。

❑ 日期标准化。日期标准化会导致系统使用很多资源。除非确实需要，否则不要使用日期标准化。

8.3　分析非重复型数据

　　非重复数据中隐含了许多信息，但是却无法使用传统方式对非重复数据进行分析。只有使用文本消歧来释放非重复数据之后，才能够对其进行分析。在很多信息丰富的环境中，大量的信息财富都蕴含于非重复数据当中，比如以下这些非重复数据。

- ❑ 电子邮件
- ❑ 呼叫中心
- ❑ 企业合同
- ❑ 质保索赔
- ❑ 保险索赔
- ❑ 医疗记录

　　但是，谈论非重复型数据的分析价值和实际展现这些价值是两件不同的事情。世人只有见到具体的例子才会信服。

8.3.1　呼叫中心信息

　　大多数企业都有呼叫中心（或者说客服中心）。呼叫中心是企业的一种职能，在这里，企业雇用电话接线员来与客户交谈。有了呼叫中心，消费者就可以听到来自企业的声音，并且与之对话。很多时候，呼叫中心都变成了消费者与企业之间的直接接口。呼叫中心里的对话数量很多而且目的各有不同。

- ❑ 有些人是来抱怨的。
- ❑ 有些人是想要购买某些产品的。
- ❑ 有些人是想要获取一些产品信息的。
- ❑ 有些人只是想聊聊天。

　　在企业与他们的客户之间的对话中会透露出大量的信息，或者说有这方面的预期。

　　那么，企业的管理人员对自己的呼叫中心里发生了什么有多了解呢？答案就是管理人员对于呼叫中心里可能透露出来的信息知之甚少。最多，管理人员可能知道每天有多少电话，以及这些电话都打了多长时间。但是除此之外，管理人员对于其呼叫中心里所讨论的内容知之甚少。

　　为什么管理人员对于在呼叫中心里发生的事情了解得如此之少呢？答案就是管理人员需要查看这些对话，而这些对话又是以非重复型数据的形式存在的。在进行文本消歧之前，计算机无法以分析处理为目的来处理非重复数据。然而，有了文本消歧，组织现在可以开始了解在呼叫中心的对话中都涉及哪些内容了。

　　图8.3.1给出了针对电话交谈做分析的第一步。

8

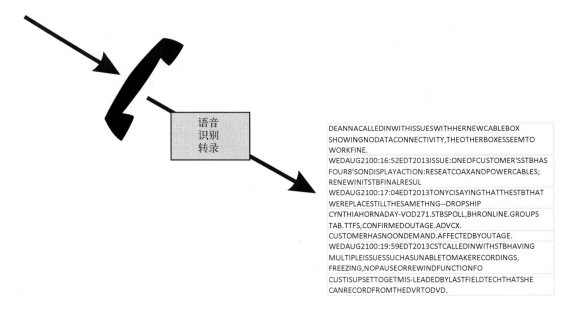

图   8.3.1

分析对话的第一步就是捕获对话。对话录音是一件比较容易的事情。你只需要使用磁带录音机录音就行了（而且要确保你这样做并不违法）。

当完成对话的录音之后，下一步就是使用语音识别技术来将对话转换成一种电子化的形式了。语音转录技术还并不完善：需要考虑语调方面的因素；有一些比较模糊的讲话；有一些人讲话的声音很轻；还有一些生气的人们会高声叫喊。因此语音转录还不是一门完善的科学。但是，如果说话的人足够多，并且这些话都能够听得懂，那么语音转录就足以胜任工作。

当对语音进行了录音和转录之后，就会产生大量信息，可供分析师使用。图8.3.2描述了这样一个有大量信息可供分析师使用的情形。

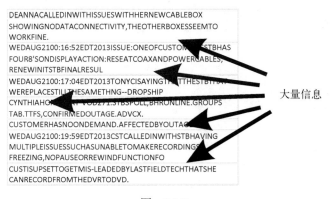

图   8.3.2

从呼叫中心的对话中释放信息的第一步就是对转录副本进行映射。映射就是确定文本消歧如何解释这些对话的过程。典型的映射活动包括以下几种。

- ❑ 停用词编辑功能
- ❑ 同形异义词识别
- ❑ 分类法识别
- ❑ 缩略语消解

尽管映射的工作必须要做，但是在第1天创建的映射可以一直用到第n天。换言之，映射是一个一次性的活动。第1天进行的映射以后一直可以用，分析师只需要映射一次。

图8.3.3展示了从转录副本所进行的映射。

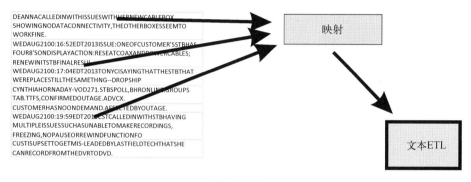

图 8.3.3

一旦完成了映射，就可以使用文本消歧来处理转录副本了。文本消歧的输入是原始文本、映射和分类法；而文本消歧的输出则是一个分析数据库。分析数据库可以采用任何可用于分析处理的标准数据库的形式。当分析师着手处理该数据库时，会发现这与分析师所处理过的其他数据库是一样的。唯一的差别就在于这种数据库的数据源是非重复型文本。

图8.3.4展示了文本消歧内部所发生的处理过程。

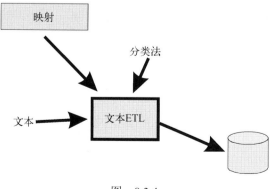

图 8.3.4

文本消歧的输出是一个标准数据库，人们通常认为它应该采用关系数据库的形式。很多时候，该数据库产生之后，其文本都要经过规范化。在该数据库中隐藏着业务关系。这些业务关系都是映射所产生的结果，而且这些文本也通过映射来进行解释。

图8.3.5展示了文本消歧过程所产生的数据库。

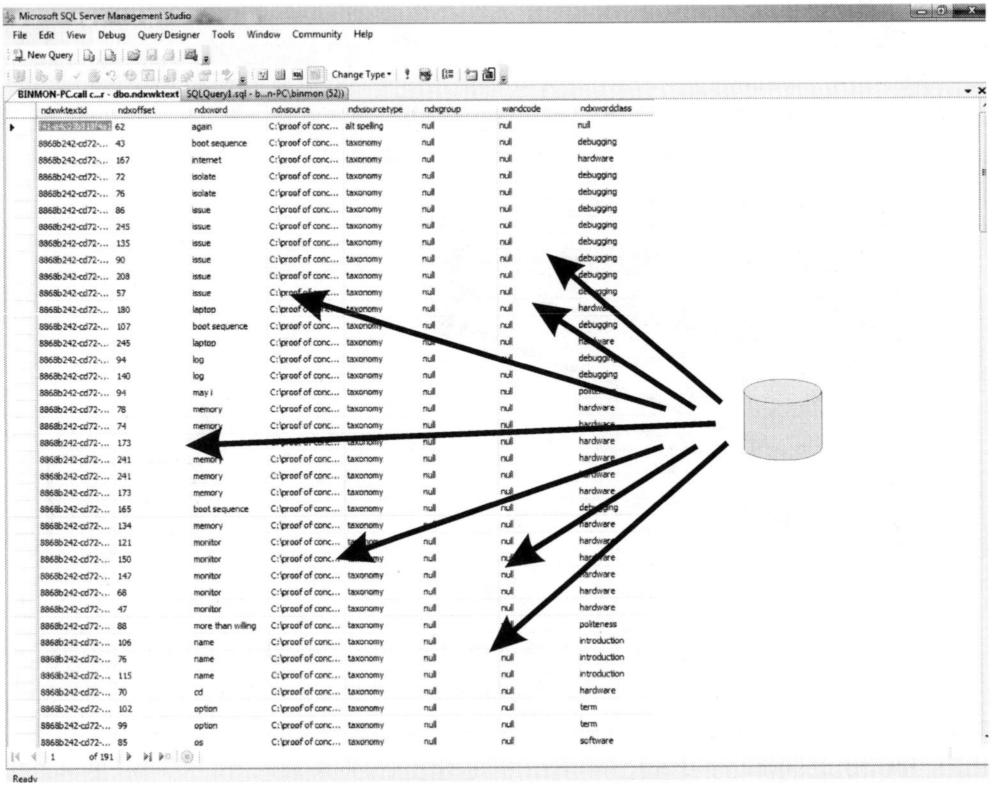

图　8.3.5

当文本消歧过程创建了数据库之后，下一步就是选择一种（或多种）分析工具了。根据所做的不同分析，有必要选择多种分析工具。所选的分析工具只需要能够处理关系数据即可。这也是对分析工具的唯一要求。

图8.3.6说明需要选择一种分析工具。

分析工具

图　8.3.6

选定分析工具之后，就可以开始分析工作了。分析师可以使用数据库中的数据来进行分析，而这些数据又来自语音转录副本。

每一种分析工具都有其富有特色的数据展现方法。图8.3.7展示了一个使用Tableau工具创建的仪表板，用于分析呼叫中心信息。

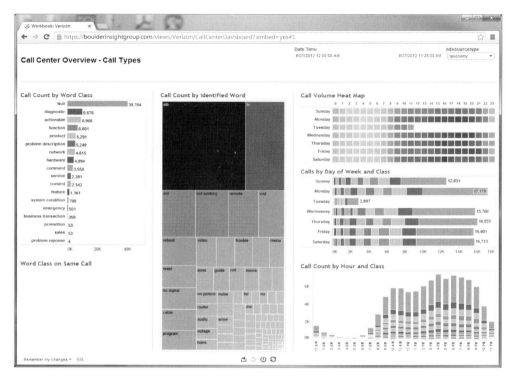

图8.3.7   来源：Chris Cox的分析，Boulder Insights，Boulder有限公司

该仪表板反映了呼叫中心里所发生的活动的内容。有了这样的仪表板，分析师可以观察到以下这些情况。

- ❏ 何时对活动进行处理
- ❏ 处理的是什么样的活动
- ❏ 电话的实际内容
- ❏ 研究对象的统计情况

该仪表板展示了大量使用图形组织的信息。管理人员对呼叫中心里发生的情况一目了然。

为举例说明仪表板上包含的信息，请看图8.3.8。该图展现了一份排名调查。图8.3.8中的图示概要显示了呼叫中心的电话类型。每一个电话都会根据其主要意图进行分类。然后，在制表过程中会根据每一种类型出现了多少个电话来进行排名。即使仪表板上没有其他信息，这样的信息本身也非常有用。

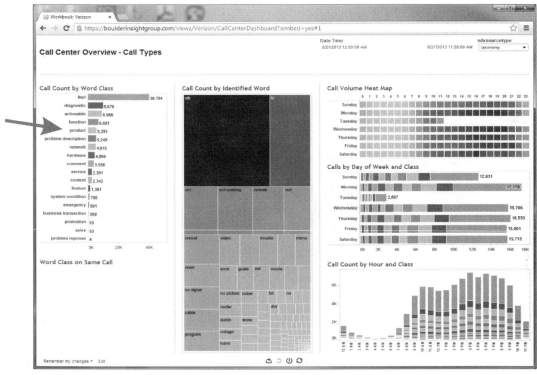

已接电话类型的排名调查

图 8.3.8

　　仪表板上展现的另一种类型的信息是与电话打进时间相关的信息。图8.3.9展现了这种信息。不仅要确定电话是在一天当中的哪一时段打进来的，而且要对打入电话的类型进行分类。值得注意的是，如果采用仪表板的方式，那么向下钻取处理就成为了可能。对于电话的每一时段和每一类别，分析师都可以使用向下钻取处理对给定时段中每一类电话进行更为深入的分析。

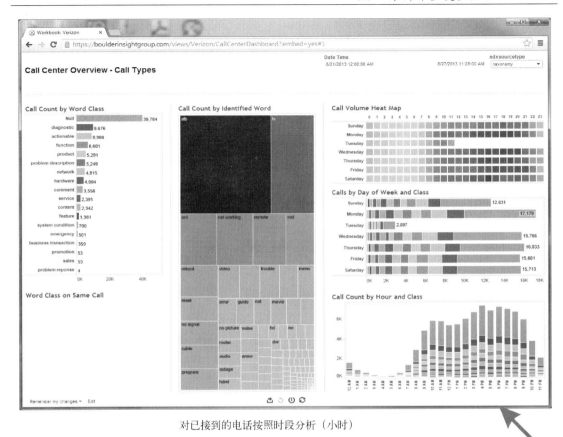

对已接到的电话按照时段分析（小时）

图　8.3.9

　　还有一种可用的相关信息类型是按照一周的每一天来统计电话的类型。图8.3.10展示了这种类型的信息。

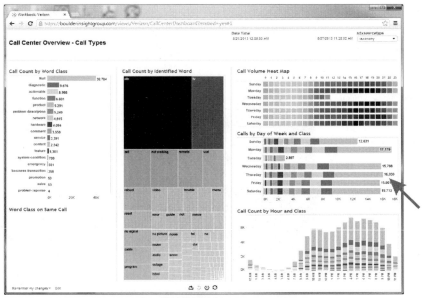

每日的通信量分析

图   8.3.10

仪表板上可用的另一种类型的信息是，电话是在一个月中的哪一天打来的。图8.3.11以热图（heat map）形式展现了整个月的来电情况。

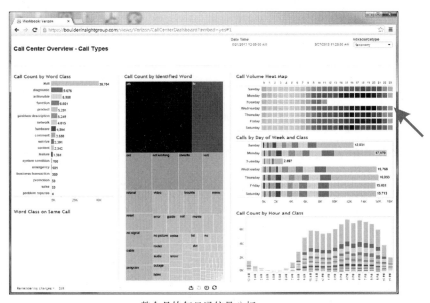

整个月的每日通信量分析

图   8.3.11

但是，也许仪表板上最有用的就是图8.3.12所示的信息了，它以柱状图的形式展示了呼叫中心活动中谈论到的实际主题。讨论最多的主题使用最大的黑色方块表示，讨论第二多的主题则使用第二大的方块表示。通过查看柱状图，管理人员可以很好地了解他们的客户都在关心哪些主题。查看仪表板可以让管理人员对于呼叫中心里需要他们知晓的信息一目了然。

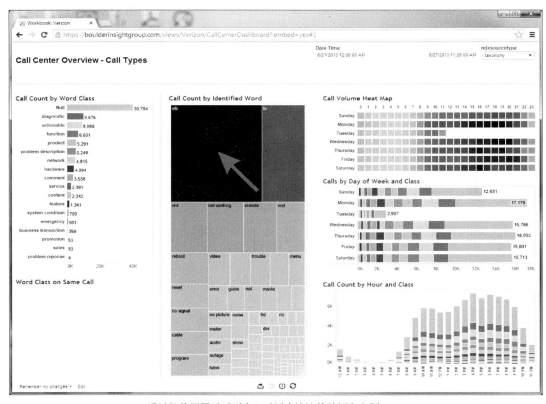

通过柱状图展示呼叫中心对话中谈论的单词和主题

图　8.3.12

尽管仪表板能给人留下深刻的印象，但是如果没有存放在标准数据库中的数据，就不可能有仪表板。正是处理流程和数据使得仪表板的创建成为可能。该处理流程如下所示。

重复型数据 → 映射 → 文本ETL → 标准数据库 → 分析工具 → 仪表板

8.3.2　医疗记录

呼叫中心记录很重要，而且具有核心业务价值。但是呼叫中心记录并不是唯一有价值的非重复型记录。另一种有价值的非重复型数据是医疗记录。医疗记录通常记录的是病人的治疗过程或者某些医疗护理事件。当这些记录写下来之后，它们对于很多人和机构都很有价值，包括医生、病人、医院或者供应商，以及研究组织等。

　　医疗记录的挑战就在于它们当中包含了叙述性的信息。叙述性的信息对于医生来说是必要而且有用的。但是叙述性的信息对于计算机而言是没有用的。为了在分析处理中使用，这些叙述性的信息必须以标准数据库格式存放在数据库中。这是以数据库形式来存放非重复型数据的经典示例，而所需的工具就是文本ETL。

　　要了解如何使用文本ETL，可以看看这样一份医疗记录。（请注意，图8.3.13所示的医疗记录是一份真实的医疗记录，然而，这并不是来自美国的记录，并不违反健康保险流通与责任法案的规程。）

一份医疗记录

图　8.3.13

　　当查看医疗记录时，会发现这些记录是以一种可识别的模式开始的。医疗记录的第一部分是标识部分。在记录的这一部分，可以看到一个或多个身份识别标准要素。在医疗记录的第二部分，记录的是叙述性信息。在叙述性部分，医生或者护士会记下某个医疗事件（例如诊断、疗程或观察）的一些特征。医疗记录的第三部分是实验测试结果，这与病人为什么要进行治疗有关。

　　图8.3.14展示了一个典型的医疗记录。在医疗记录中，每当出现一个医疗事件时，就会有一段叙述。图8.3.15说明，对于一个在医院看病的病人来说，与其相关的叙述部分不止一处。

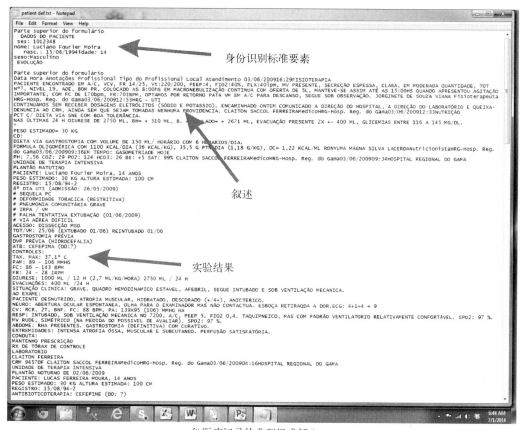

一份医疗记录的典型组成部分

图　8.3.14

　　在处理医疗记录的过程中所使用的技术包括文本ETL处理文本的所有方式。图8.3.16给出了一些处理医疗记录的方式。文本ETL处理医疗记录所产生的结果就是一个规范化的数据库。图8.3.17展示了文本ETL处理医疗记录时所产生的基于文本的规范化数据库。

每个医疗事件都有一段叙述

图   8.3.15

用于识别数据的一些方法

图   8.3.16

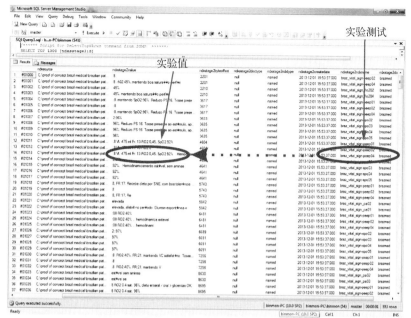

医疗记录ETL处理输出的示例数据库

图　8.3.17

当文档存储于标准关系数据库中之后，就可以用于分析处理了。现在，可以对数以百万计的医疗记录进行分析了。

第9章

作业分析1

分析可以贯穿整个计算环境使用。实际上，将一个系统计算机化的价值之一就在于使其能够进行分析。

企业计算中最重要的环境之一就是作业环境。作业环境是进行详细、即时决策的场所之一。作业环境主要由办公人员这一群体使用，而且作业环境也是处理企业业务的场所。

图9.1说明，大多数企业都有两种基本的处理和决策环境：既有作业环境，也有管理决策环境。

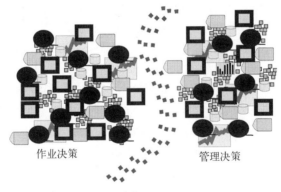

作业决策   管理决策

图   9.1

有一些标准能促使作业环境取得成功，其中一些标准涵盖了以下几个功能。

❏ 创建、更新和删除单个事务处理
❏ 访问数据
❏ 具备事务处理的完整性
❏ 处理大量的数据
❏ 系统性地处理数据
❏ 快速执行

正是由于这些因素，在作业系统中快速访问和处理数据的能力是最为重要的。

图9.2说明性能（也就是快速执行事务处理的能力）是作业环境中最重要的准则。在作业环境中执行速度之所以如此重要是有多方面原因的。一个原因就在于计算机已经融入企业日常的业务运行当中了。如果性能存在问题，那么企业的日常业务也会慢慢停顿下来。

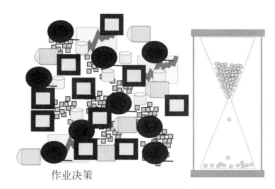

作业决策

作业环境对于执行处理过程所花费的时间量非常敏感

图 9.2

要理解事务处理执行速度的重要性，可以看看下面这些场景。

□ 在银行里，出纳员必须等待60秒，一个事务处理才能完成。如果这样的话，银行出纳员
和他所服务的客户都会很不耐烦。

□ 在机票预定系统中，航空公司的职员必须等待60秒才能完成网上的业务。为了等待系统
完成处理过程，人们要排很长的队。

□ 在ATM环境中，如果ATM机需要花费60秒才能完成一次事务处理，那么客户就会愤怒地
开车离去。

□ 在互联网上，当访问某个站点的时候，如果该站点需要花费很长时间才能完成一次事务
处理，那么浏览者肯定会离开该站点。

在很多其他场合中，事务处理响应时间也会影响到企业的业务。图9.3说明事务处理的响应
时间对于业务运行的满意度至关重要。

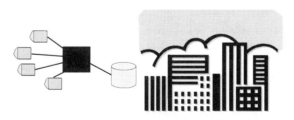

有了事务处理，对日常业务的运转来说，计算机开始
变得至关重要

图 9.3

事务处理响应时间

事务处理响应时间是作业环境中最重要的要素。响应时间的要素都有哪些呢？图9.4指出了
事务处理响应时间的要素。

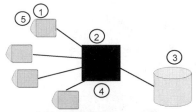

响应时间的要素
① 发起事务处理
② 处理程序开始执行
③ 访问数据
④ 返回数据并且进行处理
⑤ 将结果发送给用户

图　9.4

第1步，发起事务处理。客户想要查看自己的账户里有多少钱。一个货架装卸工想要在商店的货架上放置一款商品。一个职员要标记某一订单产品已经成功生产。一个航空公司想要更新一位客户（的资料）。这些都是发起一个事务处理的形式。

第2步，事务处理抵达计算机。开始执行程序、初始化变量、进行计算、执行算法。之后，在处理流程中的某一处，计算机程序发现，要继续执行，就需要访问数据库并从中查找某些数据。

第3步，向数据库管理系统（database management system，DBMS）发起请求以查找数据。DBMS响应该请求并且开始搜索特定数据。当找到数据之后，DBMS将数据打包并且将其回传给计算机。

程序重新开始处理过程。如果程序发现需要更多的数据，它会向DBMS发起另一个数据请求。DBMS会将数据反馈给程序。

在程序计算的最后，也就是第4步，计算机中的程序会将计算的结果反馈给发出请求的用户。

第5步就是将结果反馈给用户。

在第2、3、4步中，计算机的响应时间是按照执行该步骤所花费的时间长短来度量的。一般来说，响应时间通常介于1~2秒之间。假设整个计算机都参与处理过程，响应时间就会快得惊人。图9.5说明了如何度量响应时间。

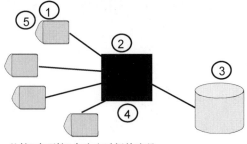

从第1步到第5步响应时间的度量

图　9.5

　　毫无疑问，响应时间最关键的要素（也就是第2、3、4步）是查询和检索数据所需的时间量。计算机内部的处理（即第2和第4步）进行得非常快。第3步占用的时间量最多。

　　第3步涉及一个术语，即输入/输出（input/output，I/O）操作。I/O指的是系统在执行输入输出操作时所做的工作。图9.6描述了一次I/O操作。

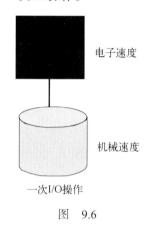

电子速度

机械速度

一次I/O操作

图　9.6

　　计算机中有两种速度：电子速度和机械速度。电子速度通常是以纳秒为单位度量的，而机械速度是以毫秒为单位度量的。这两种速度的区别就像是乘坐喷气式飞机飞行和骑自行车的区别一样。这两种类型的速度之间就是存在这么大的差别。

　　计算机内部的操作都是以电子速度度量的，而I/O操作则是以机械速度度量的。为了使程序能够运行得更快，分析师需要最小化I/O操作的次数。最小化I/O操作次数对于程序执行的速度有影响。不过，最小化I/O操作次数也会降低其他等待执行的事务处理的速度。

　　在计算机中，每次只能执行一个程序。其他程序必须在正在执行的程序执行完毕之后才能执行。其他程序需要等待的时间就叫排队时间。图9.7说明了排队时间。

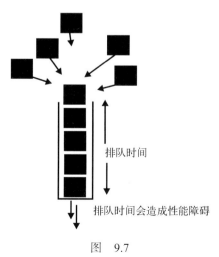

排队时间

排队时间会造成性能障碍

图　9.7

9

　　计算机中存在两种建立排队时间的基本方式：既可以让单个程序执行很长一段时间，也可以采用当事务处理到达队列的时间超过平均执行时间后就执行的方式。无论是哪种方式，在很多计算机中，排队时间都会降低处理速度。

　　另一种观察性能表现的方式是按照事务处理所进行的I/O操作次数。图9.8展示了两种不同类型的事务处理。左边的事务处理不可能是一个能够快速运行的事务处理，它需要完成太多的I/O操作。右边的事务处理则有很大可能成为一个快速运行的事务处理，因为它必须要做的I/O操作只有一两个。因此，查看事务处理的I/O操作次数是观察事务处理性能特征的一种很好的方式。

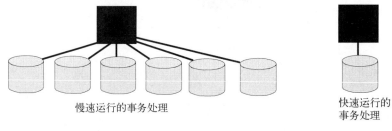

慢速运行的事务处理　　　　　　　　　快速运行的事务处理

图　　9.8

　　有一种方式可以减少一个事务处理所必须完成的I/O操作的次数。请看图9.9中的事务处理，图中给出了为了执行该事务处理所需的大量不同种类的数据。如果事务处理需要到不同的数据存储位置查找数据，那么它就不可能成为一个快速运行的事务处理。

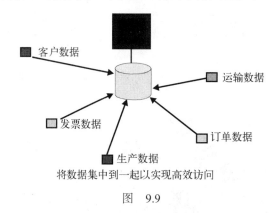

客户数据　　　　　　　　　　　　运输数据

发票数据

生产数据　　　　　订单数据

将数据集中到一起以实现高效访问

图　　9.9

　　数据库设计者能做的就是将全部或者某一部分数据整合到单个数据库设计中。并不是说不同类型的数据就必须存放在不同的数据库中。为了提高性能，分析师可以将所有的数据整合成单个数据库。这种类型的设计称作非规范化设计。图9.10说明了可以进行非规范化的数据。

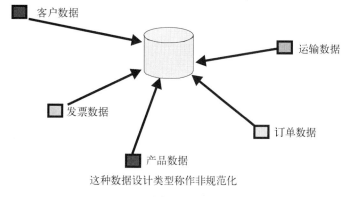

这种数据设计类型称作非规范化

图　9.10

当数据进行了非规范化之后，事务处理所需执行的I/O操作数据就减少了。现在，该事务处理就变成了一个能快速运行的事务处理。

有一类事务处理需要经常查看大量的数据，而不论这些数据是如何组织的。用于查看每日工作或者月度工作的报表程序就是这样一个典型的应用程序。图9.11展示了这样一个需要长期运行的程序。

经常需要在单个事务处
理中访问大量的记录

图　9.11

如果这样一个长期运行的程序和很多短期运行的程序混合使用（如图9.12所示），那么会出现什么情况呢？答案就是整个系统的性能都会下降。在长期运行的程序执行期间，待执行程序会在该长期执行的程序后面排起队来，而这样就背离了人们采用作业环境的目的。

9

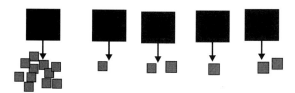

当有一个需要访问大量数据的事务处理和那些只需要访问少
量数据的事务处理混合执行时，对每个事务处理的性能都会
造成破坏

图　9.12

那么，当必须运行一个长期执行的程序时（这是不可避免的事实），分析师可以做哪些工作呢？图9.13给出了一些解决方案，使系统能够在运行长期执行的程序时保证在线事务处理的响应时间。

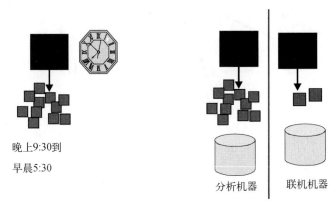

晚上9:30到

早晨5:30

分析机器   联机机器

将大型分析处理和在线事务处理分隔开的方式有很多种

图   9.13

要解决程序需要长期运行和需要保持一致的响应时间之间的矛盾，其中一种解决方案就是为计算机的运行划分时段。当业务需要提供良好的响应时间时，可将所有可快速运行的事务处理都放在白天运行；而需要长期运行的程序则放在凌晨执行，这个时候也没有其他人会使用机器。

另一种替代方案是，在与事务处理使用的数据库和机器不同的DBMS和机器上执行长期运行的程序。无论何时，只要长期运行的程序不需要访问那些正在处理的实际数据，这种方式就没有问题。

作业环境是企业开展日常工作的地方。在这里，可以进行销售、银行存款、售卖保险单、货品上架等工作。简而言之，当作业环境运行正常时，一切都是以现代、高效的方式运转的。作业处理过程中生成的数据具有巨大的价值。图10.1描述了作业环境。

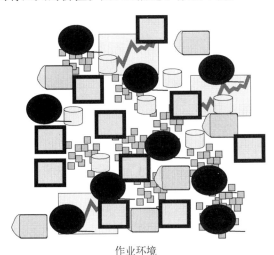

作业环境

图　10.1

作业分析包括在作业环境中执行事务处理时产生的决策。处于作业分析核心位置的那些数据都是由作业系统产生的。作业系统就是那些运行事务处理和用于管理数据库管理系统中数据的系统。

作业系统有很多特征。图10.2描绘了作业应用程序的实质。作业系统的任务有：快速执行，在细节层面操作数据，以及与各种应用程序绑定在一起。

因为需要快速执行事务处理，所以其数据通常是非规范化的。非规范化是设计师为提高性能所使用的设计方法。但是由于非规范化的数据处于一种"撕裂"状态，这个数据库的数据单元也可能在另一个数据库中同样存在。在高性能环境中，将数据分开存储到不同的数据库是数据非规范化所产生的必然结果。在高性能事务处理环境中，数据的非规范化是一种正常的、自然的现象。

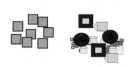

作业应用程序的实质

1. 处理速度

2. 在细节层面操作

3. 应用程序

图　10.2

　　但是数据的非规范化也存在副作用。由于作业环境中的数据进行了非规范化，数据不是集成的。同样的数据单元经常会出现在好几个地方（在最坏的情况下，同一数据单元会出现在非常多的地方）。同一数据在多个地方出现的实际结果就是造成数据丧失了其完整性。一个用户在一个地方访问数据并且获得了一个数值，而另一个用户在其他地方访问同样的数据却获得了一个极为不同的数值。这两个用户都认为自己拿到的是正确的数值，而他们拿到的都是与对方极为不同的数值。图10.3展示了数据完整性的缺失。

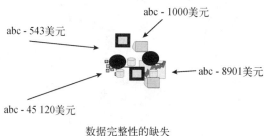

数据完整性的缺失

图　10.3

　　这样令人失望的情形在组织中随处可见。在这个世界上，如果没有人知道数据的正确取值，怎么能做出决策呢？但是完整性的缺失并不是作业应用程序面临的唯一难题。作业应用程序面临的另一个难题是：在作业应用程序中只有最少量的历史数据。

　　在作业应用程序中只保留最少量的历史数据是有正当理由的。保留最少量历史数据的原因是需要高性能，而这一点胜过其他作业目标。系统优化师很早就发现，系统中的数据越多，系统运行的速度就越慢。因此，为了获得最佳性能，系统优化师抛弃了历史数据。因为作业系统需要高性能，所以作业环境中必然只保留非常少的历史数据。图10.4说明，作业环境中保留了最少量的历史数据。

没有历史数据

图　10.4

抛弃了历史数据之后也会出现问题。问题就在于历史数据也有多种用途，比如以下几种。

☐ 标定和评估趋势

☐ 理解客户的长期习惯

☐ 研究发展模式

由于数据完整性的缺失，而且需要一个存储历史数据的场所，人们需要一种与作业应用程序不同的架构化的结构。由于需要进行分析处理（与事务处理相对应），世界上开始出现了一种名叫数据仓库的结构。图10.5展示了数据仓库的出现。

数据仓库：

　• 面向主题的

　• 集成的

　• 时变的

　• 非易失的

支持管理决策的数据集

事实的唯一版本

图　10.5

数据仓库的定义在数据仓库技术出现伊始就有了。数据仓库是一种面向主题的、集成的、非易失的、时变的数据集，用于支持管理决策。数据仓库中存储了详细的、集成的历史数据。

对数据仓库的另一种看法是：数据仓库是"事实的唯一版本"。数据仓库是详细的、集成的基础性数据，可以用于支持整个组织范围内的决策。

作为数据仓库基础最好的数据模型是关系模型。关系模型是一种规范化的数据，对于在最小粒度层面上描述数据而言很有用。图10.6展示了作为数据仓库设计基础的关系模型。

10

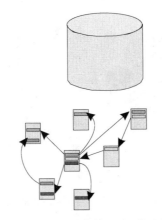

关系模型支持集成的、详细的历史数据

图 10.6

将数据从作业应用程序装载到数据仓库中。作业应用程序中的数据仍然以非规范化状态保留在应用程序中。数据通过所谓的抽取/转换/装载（extract/transform/load，ETL）过程装载到数据仓库中，如图10.7所示。

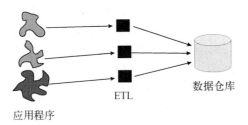

将数据装载到数据仓库中

图 10.7

实际上，那些数据根本就没有"装载"到数据仓库中。当数据从作业环境中传输过来之后，实际上是将转换后的数据装载到了数据仓库环境中。在作业环境中，数据是设计为非规范化状态的。在数据仓库中，数据是设计为规范化状态的。ETL处理的作用是将应用程序数据转换成企业数据。对没有经验的人而言，这种转换看起来并不是一个多么困难的过程；但是它实际上很难。要理解文本ETL所完成的转换过程，可以参看图10.8所描绘的转换过程。

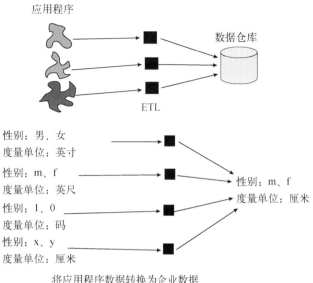

性别：男、女
度量单位：英寸

性别：m、f
度量单位：英尺

性别：1、0
度量单位：码

性别：x、y
度量单位：厘米

性别：m、f
度量单位：厘米

将应用程序数据转换为企业数据

图　10.8

在图10.8中，应用程序数据在性别和度量单位上有多种不同的表现形式。在一个应用程序中，性别是由男和女这样的取值来表示的；在另一个应用程序中，性别又是以1和0这样的数值来表示的。在一个应用程序中，度量单位使用的是英寸；而在另一个应用程序中，度量单位又使用的是厘米。

在数据仓库中，性别的表示形式只有一种，即m和f。在数据仓库中只有一种度量单位，即厘米。这种从应用程序数据到企业数据的转换是在ETL过程中完成的。图10.8给出的图示很好地说明了应用程序数据和企业数据之间的差别意味着什么。

数据完整性和建立企业数据的一个基本理念就是"记录系统"。记录系统是企业的权威数据。在作业环境中，记录系统就是向数据仓库输送价值的数据。图10.9展示了作业环境中的记录系统。

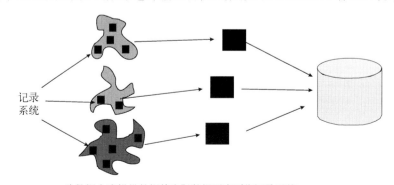

为数据仓库提供数据的实际数据要素叫作记录系统

图　10.9

10

值得注意的是，记录系统会从一个环境迁移到另一个环境。面向作业数据的记录系统存在于作业环境之中。不过当数据传输到数据仓库之后，记录系统也被传输到了数据仓库之中。区别就在于数据的时效性上。作业环境中的数据在访问之时是准确的。换言之，作业环境中的数据是即时的准确数据。但是当记录系统迁移到数据仓库后，记录系统的数据相对于数据仓库所反映的某一历史时刻来说就是准确的了。在数据仓库中，记录系统在历史上是准确的。

数据仓库最重要的功能之一就是能够作为不同组织的基础，使之能够以不同的视角查看同样的数据，同时仍然保持同样的数据基础。图10.10说明了这种功能。

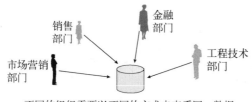

不同的组织需要以不同的方式来查看同一数据

图   10.10

数据仓库之所以可以作为不同组织的数据基础，是因为数据仓库中的数据是粒度化和集成的。你可以把数据仓库中的数据看作沙粒。可以将沙子重塑成很多不同的最终商品，比如硅片、酒杯、汽车前灯、肢体部件等。同样，市场营销部门能够以一种方式查看数据仓库中的数据，金融部门能够以另一种方式查看数据仓库中的数据，而销售部门也能够以其他的方式来查看数据仓库中的数据。而且，由于所有的组织都可以查看同一数据，具备了数据一致性。

服务于不同群体的能力是数据仓库最重要的特征之一。数据仓库服务于不同群体的方式是通过创建数据集市实现的。图10.11说明数据仓库可以作为数据集市中数据的基础，并且说明不同的组织可以有不同的数据集市。数据仓库及其粒度化的数据为数据集市中的数据提供了基础。数据仓库中的粒度化数据通过汇总或者说合计之后形成每个数据集市所需的数据。请注意，每个数据集市和每个组织都有其自己汇总和合计数据的方式。换言之，金融部门的数据集市和市场营销部门的数据集市是不同的。

数据集市可满足不同组织的需求

图   10.11

数据集市最好基于维度模型建立，如图10.12所示。在维度模型中有事实表和维度表。事实表和维度表相互连接，形成名为星型联接的结构。星型联接设计用于优化部门的信息需求。

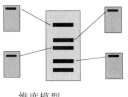

维度模型

数据集市建立在维度模型的
基础之上

图　10.12

　　数据集市和数据仓库合起来就形成了如图10.13所示的架构。当数据在数据仓库中以集成的、历史的形式存放时，就要进行数据的集成。当数据基础建立之后，就可以将数据输送到不同的数据集市中。

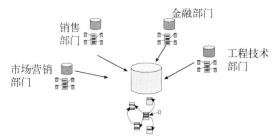

金融部门

销售
部门

市场营销
部门

工程技术
部门

服务于数据集市环境的维度模型和服务于数据仓库环境的关系模型

图　10.13

　　还有另一种数据结构有时会出现在数据架构之中，这种结构就是所谓的作业数据存储（operational data store，ODS）。图10.14描述了一个ODS。

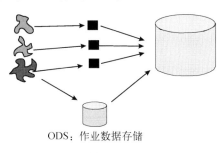

ODS：作业数据存储

图　10.14

　　ODS既有一些数据仓库的特征，也有一些作业环境的特征。ODS可以实时更新，而且ODS可以支持高性能事务处理。但是同时，ODS还含有集成数据。在许多方面，ODS都像是数据的临时驿站。图10.15展示了ODS。

图   10.15

ODS是面向企业的一种可选的数据结构。有些企业需要一个ODS，但也有其他一些企业并不需要ODS。通常，如果一个组织有大量的事务处理工作，那么就需要一个ODS。

数据集市中的数据类型通常包括所谓的关键性能指标（key performance indicator，KPI）。图10.16说明数据集市通常包含一个或者更多的KPI。每个企业都有其自己的KPI集合。一些典型的KPI包括以下这些。

- ❑ 库存现金
- ❑ 职工人数
- ❑ 产品订单积压
- ❑ 销售渠道
- ❑ 新产品接受度
- ❑ 销售清单

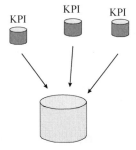

数据集市中保存的一种典型数据类型就是KPI

图   10.16

KPI通常是按月进行评估的。图10.17展示了对KPI的周期性评估。按月来评估KPI是有很多原因的。这样做的好处之一就是当出现某些趋势时能够及时标定这些趋势。

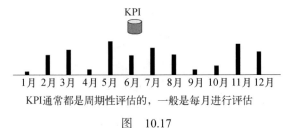

KPI通常都是周期性评估的，一般是每月进行评估

图   10.17

　　按月来标定KPI的趋势是存在问题的，而问题就在于很多KPI是具有季节性的。如果一个月接一个月地去查看趋势曲线，其反映的趋势可能并不准确。要标定季节性的趋势，就有必要评估多年以来的KPI情况，如图10.18所示。

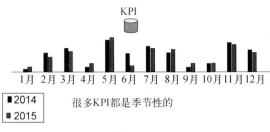

图　　10.18

　　除了KPI之外，数据集市通常还采用了一种名为立方体的结构。图10.19说明立方体通常出现在数据集市中，或者与数据集市相互协作。立方体是对数据的一种编排形式，支持从不同的视角来研究数据。

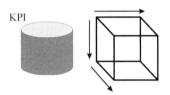

除了保存KPI，数据集市还能够以立
方体技术或者在线分析处理（online
analytical processing，OLAP）技术的
形式出现

图　　10.19

　　数据集市的特征之一就是它们相对简单并且能够快速创建。由于创建起来很容易，大多数组织都直接创建新的数据集市，而不会对已有的数据集市进行维护。图10.20说明，有新的需求之后，会创建新的数据集市而不是维护旧的数据集市。不断创建新的数据集市所带来的长期后果就是，不久之后，组织支持的很多数据集市根本不会再使用。

10

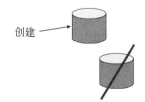

由于数据集市可以很容易创建，创建一个新的
数据集市通常要比维护一个已有的数据集市更
加简单

图　　10.20

因为数据集市中含有KPI，所以就会存在很大的变更倾向。这是因为KPI是经常变化的。每当业务的焦点发生变化，其KPI也会随之改变。今天业务的关注点是在利润率上，此时KPI就会关注收支情况；而明天业务的关注点又变成了市场份额，那么KPI又与新客户和客户保有量有关了；后来，业务的关注点变更为应对竞争，那么KPI现在又变成了关注产品接受度和产品的差别。

只要业务在变更（而且业务的变更是不可改变的事实），KPI就会变化。只要KPI变化，数据集市也会随之变化。如图10.21展示了作业环境数据架构组件的通用架构。

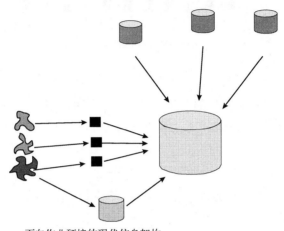

面向作业环境的现代信息架构

图   10.21

第 11 章

个人分析

每个企业都有两个层次的决策：企业层面的决策和个人层面的决策。企业层面的决策是在一种正式的甚至是规范的环境下完成的。而个人层面上的决策则是非正式的。

企业层面上的决策和个人层面上的决策有着巨大差别。企业层面的决策涉及合同、管理决策甚至合规性管理。在这个层面上的决策制定是要对股东负责的。

另一个层面上的决策是个人层面上的决策。个人层面上的决策是一种即兴的、个体的和非正式的决策。这里通常并没有什么审计跟踪。个人决策是一种自发行为，而且个人决策的需求也并不固定，经常会发生变化。

个人分析师可以通过面向个人分析环境的各种工具来查看数据，可以查看任何数据。分析师可以查看企业数据或者个人数据。分析师可以在自己的时隙之内查看数据。在做个人分析时并没有时间限制。

图11.1展示了这两种类型的决策。

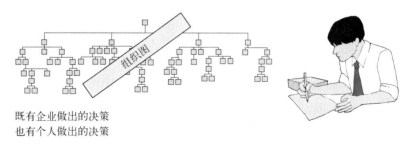

既有企业做出的决策
也有个人做出的决策

图　11.1

个人决策是动态而不固定的。个人决策的理想工具就是个人电脑。个人电脑的费用可以负担，能够迁移位置，而且通用性较好。此外，个人电脑可以立即进行重新调整。人们很少或者根本不需要正式的系统分析或者对个人电脑进行改进。分析师只需要坐下来草草记下那些有用的东西和需要分析的相关事项即可。当然，个人电脑并不具备大型企业级计算机的那种速度和容量。个人电脑不能处理企业级计算机所能处理的数据量，但是数据量并不是个人分析师关注的重点。

图11.2说明个人电脑是进行个人分析的最好工具。

个人电脑是进行个人决策的理想工具

图   11.2

单个分析师使用的最流行工具就是电子表格。如果按照许可授权数来衡量，那么电子表格是一种在分析中使用最普遍的工具。全世界的个人电脑中有数百万份电子表格。最近，就中西部银行而言，每个银行网点有大约2000名员工。为了支持银行业决策，他们创建了4 000 000份电子表格。图11.3说明电子表格是个人电脑上使用最广泛的分析工具。

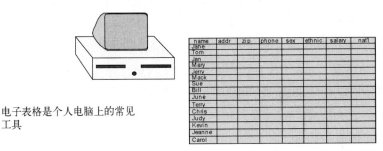

电子表格是个人电脑上的常见工具

图   11.3

电子表格有很多优点。最大的优点就是电子表格提供给单个分析师的自主性。分析师可以使用电子表格做其想做的任何事情：输入任何公式、录入任何数据并且更改其想要更改的数据。没有人告诉分析师要做什么以及应该怎么做。

电子表格的第二个优点是速成。分析师不需要专门花费时间来学习使用这样的工具，只需要坐下来使用电子表格就可以了。分析师可以使用电子表格来公式化和结构化需要进行分析的事项。

电子表格的第三个优点是它的功能非常灵活。可以更改电子表格，使其适应几乎所有类型的分析。

电子表格的另一个优点在于其成本低廉。通常，当购买了个人电脑之后电子表格的成本就确定了，使用电子表格并没有更多的花费。

由于诸如此类的原因，电子表格被应用于多种不同的环境。图11.4说明了电子表格的优点。

电子表格有很多优点

图   11.4

　　然而电子表格也有一些缺点。电子表格的第一个缺点就是它可以被随意更改。任何创建和管理电子表格的人都可以随时向电子表格中插入任何值，电子表格并不会抱怨什么。这就意味着进入电子表格的数据的来源是无法审计的。如果一个分析师想要给自己加薪，只要涉及的是电子表格，那么这样的加薪操作就可以得到准许。当然，现实情况可能并非如此。电子表格并不知道或者关心这些。对于与管理、合同、立法机构和股东相关的企业决策来说，采用电子表格作为数据来源是不可取的，因为这会造成数据完整性的缺失。

　　电子表格的另一个缺点是，基于电子表格创建的系统并不是按照规定创建的，也不是严格意义上的基于企业的系统。基于电子表格创建的系统通常很容易变更。但是当处理过程要求严格并且遵循规定时，这种功能上易于变更的特性反倒成为一种不利因素，而不是一种优点。

　　图11.5说明，电子表格也存在一些缺陷。

但是电子表格也具有一些存在某些限制的优点

图   11.5

在企业层面和个人层面都可以进行决策,但是决策的影响是极为不同的。在企业层面上的决策会影响到预算和企业的政策。个人的决策则对个人如何完成工作产生影响。如果有一天,要采用个人工具来进行企业决策,就会出现根本性的问题。图11.6说明,个人决策对企业决策应该只有间接性影响。

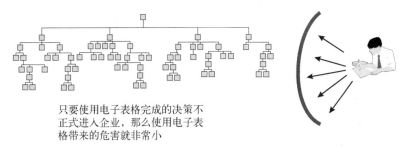

只要使用电子表格完成的决策不
正式进入企业,那么使用电子表
格带来的危害就非常小

图   11.6

换言之,如果个人使用自己的工具以私人身份进行分析且确信自己的结果,并且希望据此采取一系列行动或者想要更改政策,那么个人就必须说服企业。但是人们在做个人分析时,其所处的位置无法直接将企业数据和系统与私人数据和系统相对接。从某种程度上来看,个人分析系统就变成了一个分析沙箱,如图11.7所示。

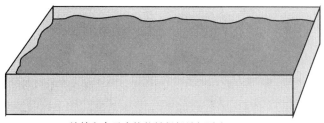

沙箱和电子表格能够很好地相适应

图　11.7

在沙箱中，个人分析师可以做任何事，比如使用任何数据或者算法，处理时不必担心对其他人产生影响。但是最后，当分析师从沙箱实践中获得了某些见解时，分析师必须将这些结果和见解纳入企业的系统基础设施体系。

因此，个人分析决策对于企业系统也有非常现实和有益的影响。然而，这种影响是间接的，而非直接的。

11

第 12 章

复合式的数据架构

开发人员喜欢架构的原因有很多种，其中一个最重要的原因就是，架构涵盖了整体。有时，架构也会深入细节；但是在每个架构中，都有一幅总体蓝图（或者多个蓝图）。这样的蓝图说明了各种各样的组件之间是如何相互结合的。对于数据架构来说，道理也是一样的。就数据架构（与所有其他架构类似）而言，也需要一个总体的蓝图。

蓝图本身也很有意思，因为蓝图有多种不同的类型。对于大型建筑而言，应该有一份聚焦于该建筑能源情况的蓝图，例如电流、燃气等。此外，还应该有一份聚焦于该建筑结构完整性等方面的设计图。将这些不同的蓝图综合到一起，就可以形成一份完整的结构图。

如果你要在森林里建一座只有一室的单层小木屋，那么并不怎么需要设计蓝图。但是如果你要在市中心建设一幢大型的、复杂的、耗资巨大的多层建筑，那么就离不开蓝图了。要在现代化的城市中心建一幢多层结构的建筑，需要考虑很多方面的事情。对于面向技术和数据的现代信息基础设施而言，也存在同样的复杂性和费用。

图12.1描绘的就是这样一个蓝图，这是一种面向信息系统的复合式基础设施。这种复合架构描述了架构的不同组件以及它们之间的毗邻关系。

复合架构有以下几个值得关注的特征。

❑ 数据的时效性。一般来说，数据越新就会离交互环境越近，数据越旧则越可能被迁移到归档环境。

❑ 交互环境的关键在于应用程序的执行。数据仓库/Data Vault环境的本质就在于数据的集成。

❑ 大数据组件可以分成两个主要部分，即分析型大数据部分和归档型大数据部分。

❑ 元数据可以横跨不同的环境而不受限制。真正的企业元数据在任何情况下都是跨数据的。元数据并不考虑数据的不同物理形态或者其他边界。

❑ 在整个复合架构中存在不同层面的元数据。

❑ 该复合架构中描述了企业中详细的、基础性的数据（也就是记录系统中的数据）。其他一些数据（包括汇总数据和合计数据）虽然存在于企业之中，但是在该复合架构中并未反映。（该复合架构中也没有反映数据集市。）

❑ 在该复合架构中，数据类型有着根本性区别。非结构化数据（也就是非重复型数据）并不直接与基于事务处理的数据（也就是重复型数据）相混合。

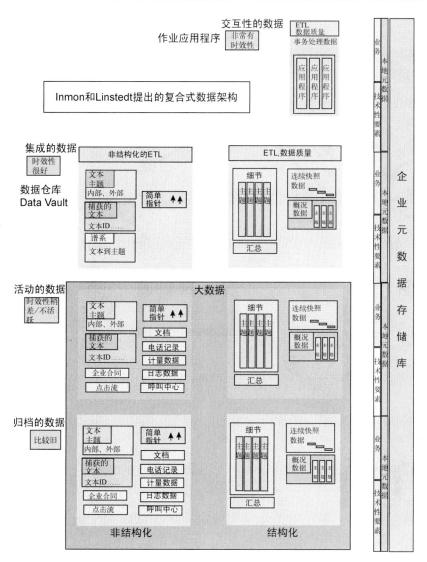

图 12.1

这种复合架构能够反映出如何将不同类型的数据整合到单一架构中去。因此，该复合架构就是企业数据的一个大规模蓝图。

该架构还有很多方面在图12.1中没有展示出来。图12.2展示了该架构的另一个方面。在图12.2中动态展现了如何将该复合架构的主要组件互相连接起来。

12

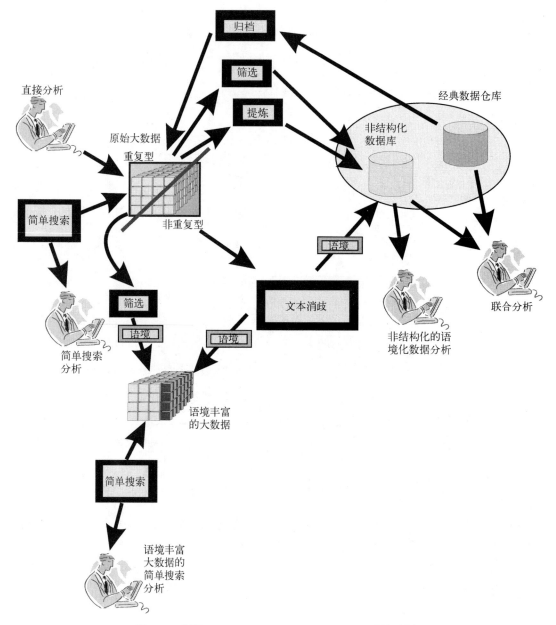

图12.2　来源：© Forest Rim technology 2014，版权所有

　　图12.2指出原始大数据环境可以划分成两个主要的数据类型：重复型数据和非重复型数据。非重复型数据中蕴含了绝大多数的业务价值。非重复型数据需要进行文本消歧处理。在完成文本消歧处理之后，接下来将对这些数据进行以下操作。

❏ 格式化为标准的数据库结构

❏ 语境化

当这些数据经过文本消歧处理之后，语境化数据既能以语境化的状态回传到大数据环境，也能直接进入标准数据库管理系统。

大数据环境中的另一个数据流是从重复型数据流向提炼过程或者筛选过程。来自筛选和/或提炼过程的数据最后流入数据库环境之中。

数据仓库的数据可以逆向流入大数据环境，这说明当数据被访问的可能性下降后，数据仓库中的数据经过归档处理之后返回到大数据环境。如果创建了非结构化数据库/数据仓库，就可以对数据进行分析（如图12.3所示）了。在标准数据库环境中，能够以如下方式进行数据分析。

❏ 仅分析结构化数据

❏ 仅分析非结构化数据

❏ 一起分析结构化数据和非结构化数据

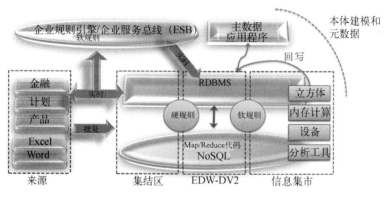

图　12.3

Data Vault 2.0架构基于三层结构的数据仓库架构，如图12.3所示。多层结构使实现人员和设计人员可以对企业数据仓库去耦合化，将数据来源和获取功能与信息交付和数据供应功能分解开来。这样，团队就会变得更加敏捷，而该架构也具有了更强的故障恢复能力，能够更加灵活地对变更作出响应。NoSQL也被加入到该架构中。这样，企业在关系平台上的投资可以继续发挥作用，也可以将处理大数据所需的新技术整合进来。为了提供一些基线标准，该方法论还给出了一些有关软硬规则的标准，进而支持自动化工具的使用。

词 汇 表

Amazon.com：一家成功的.com零售商

Cullinet：一家早期的DBMS厂商，销售网络数据库管理系统

DB2/UDB：IBM研发的数据库管理系统

DIS中的锚定数据：DIS的关键属性

DSS环境：组织管理分析工作的环境

DW 2.0：第二代数据仓库架构

Ed Yourdon：信息技术先驱，发起了"结构化"运动

Google：一家为互联网编制索引的.com公司

Hadoop：一种设计用于承载大数据的技术；一种管理数据的框架

IBM360：一部标准化操作系统的机器。有了IBM360系列后，可以跨不同类型的机器进行兼容性处理。这是一项改变计算技术面貌的革命性技术

IDMS：Cullinet的一种网络DBMS

Linux：一种操作系统

MapReduce：处理大数据的一种语言

Microsoft：一家主营桌面应用技术的软件厂商

Oracle：一家大型的数据库厂商

Ralph Kimball：关注数据维度模型的思想先导者

R系统：一个统计处理软件包

SAP：一家ERP应用软件公司

SAS：一家专门从事统计分析软件的公司

SQL：关系系统的语言接口

SQL Server：微软创建和管理的DBMS

Teradata：一家数据库软件公司

Tom Demarco：与Ed Youdon同时期的一位早期先驱者，专攻结构化系统的开发

UNIX：一种操作系统

安全性：保护数据的方式

巴塞尔新资本协议：一个面向金融活动和交易的行政团体

半字节：半个字节，长度为4位

报表反编译：读取一份报表并且将该报表约简为一个规范化数据库的过程

贝尔曲线分布：一种活动和数据点的"正态"统计分布，大致上是一个钟形

被动数据字典：一种数据存储库，其中存储的元数据可能用于开发过程和分析过程，也可能不被使用

本体：参与分类系统的元素之间的一种逻辑关系

编码处理：将文本加密成外界无法认知的形式的过程

编制报表：从各种来源收集数据并且以一种可理解的方式将其呈现给业务用户的过程

便利字段：放置在某个结构中的一种数据元素，用于简化和/或加快分析处理

变化数据捕获（CDC）：对已捕获和存储的数据库所做的增量改变，之后重新执行事务处理或者登录其他数据库

标准工作单元（SWU）：创建能够高效流通且不会造成瓶颈的小型模块的过程

并行数据管理：多个机器相互协作以缩减处理时间的处理方式

泊松分布：从 0 轴开始的位于坐标轴右侧的一条钟形曲线

博客：一种向公众开放阅读的个人日记

参照完整性：以规定方式将数据关联到一起的过程

操作系统：控制计算机及其所有操作的技术

层级结构 DBMS：记录之间的关系基于父/子关系的一种数据库管理系统

层级结构输入/输出（HIPO）：一种图表，展示了到一个过程的输入和从该过程的输出，以及对过程中所发生的处理进行简单描述

查询：计算机程序在搜索合乎条件的数据时所执行的过程

程序：通过代码来体现的过程

抽取/转换/装载（ETL）：从源系统获取数据，并且在数据仓库或者数据库中进行配置和存储的过程。ETL 工具使数据集成任务自动化

抽取/装载/转换（ELT）：抽取、装载和转换数据的过程。ELT 的问题在于有很多组织仅仅抽取和装载了数据，但是却没有对数据进行转换

抽取程序：旨在读取文件、查找数据，然后将数据迁移到另一个文件的过程

处理消耗时间：执行一个过程所花费的时间长度

穿孔卡片：一种早期形式的存储器，有很多缺陷

磁带：早期的一种顺序存储机制

磁盘存储：用于存储数据值的物理媒体

存储库：一个存储企业重要元数据的地方

存货单位（SKU）：零售行业中追踪各单位库存记录的工作实践

大规模并行处理（MPP）：一种能够处理海量数据的操作系统

单处理器：仅有一个处理器的计算机

当前有价值数据：在访问的时刻具有准确性的数据，在线数据

地址：数据单元的位置

递归：一种关系类型，该关系定义的一部分需要参考它所定义的项

第 I 类 ODS：一种时延以 1 秒或者更短的时间来度量的 ODS

第 II 类 ODS：一种时延以 4 小时或者更短的时间来度量的 ODS

第 III 类 ODS：一种时延以 24 小时或者更短的时间来度量的 ODS

第四代编程语言（4GL）：一种便于使用的计算机语言

点击流数据：对网站上所发生的活动进行的自动度量

电子表格：个人计算环境中的主要工具

电子表格的单元格：电子表格中的一种基本数据单元

电子文本：单词以计算机可以识别的形式出现的文本

电子邮件：通过电子媒体从一方传输到另一方的消息

迭代过程：在短期有限的步骤内完成的过程；该过程可以有很多步骤，但是每个步骤都会快速完成

独立型数据集市：源数据直接来自于遗留系统而不是来源于数据仓库的一种数据集市

多路：一个系统共享内存的能力

访问可能性：对一个数据单元被访问可能性的数学陈述

非结构化数据：逻辑组织形式无法被计算机理解的数据

非结构化数据仓库：数据源为非结构化数据的数据仓库

非线性格式：文本或报表值的一种格式，在这种格式中文本或变量都是以非线性格式来编排的

非易失性数据：一次写入后不可被更改的数据；有时也叫作"快照"数据

非重复型记录：记录在结构或内容上没有可预测模式的数据。典型的非重复型记录包括电子邮件、呼叫中心数据、质保索赔数据、保险索赔数据等

非重复型数据：每个单元的内容并不重复的数据

废话邮件：内部生成的与业务无关的邮件消息

分界线：大数据中重复型数据和非重复型数据之间的界线

分类法：文本的一种分类

服务等级协议（SLA）：在公司内部为了管理事务处理系统的响应时间和可用时间而进行的协商；可用时间是指系统可投入使用的时间

父/子关系：一种数据的层级关系，对每一个父节点而言，都可以有 $0 \sim n$ 个子节点

个人电脑（PC）：面向个人计算的便携式或桌面设备

功能分解：将一个大功能缩减或者拆解为小而精的功能的过程

共享内存：一种共享相同内存的处理器可达四个的处理器编排形式（参见**多路**）

关键性能指标（KPI）：一种由检查重要变量的组织周期性进行的评估

关系模型：一种数据规范化的数据形式

光学字符识别（OCR）：电子设备（例如扫描仪或数码相机）检查纸上打印的字符，通过检测暗、亮的模式确定其形状，然后用字符识别方法将形状翻译成计算机文字的过程

归档处理：围绕旧数据和/或非活动数据展开的行为

规范化：按照已有的标准在细节层次上组织数据的过程

规模、种类、速度（VVV）：大数据的原始特征

硅：一种与沙子相似的原材料，可以形成多种终端产品，例如半导体、啤酒瓶和肢体部件

硅谷：原创技术革新兴起的地方，在加利福尼亚州北部圣何塞市圣塔克拉拉县的山景城附近

合规：符合由立法机构或其他一些管理机构强制要求的业务规则

核：一种为 CPU 存放可用数据的早期形态的存储器；核的运行遵循滞后曲线所反映的原则

后处理：在文本经过文本 ETL 过程之后有选择地进行的处理

呼叫等级详细记录：电话交谈的详细记录，包含的信息有：谁打的电话，谁接的电话，电话什么时候打的，打了多长时间

呼叫中心：一种组织机构，该机构的代理人可从事与他人对话的工作

互联网：可以存储数据并且供大量用户使用的系统

会计事务所：负责评价公共商业公司是否能够按照财务标准和规则运作的组织

活动数据词典：一种自动化的元数据管理工具，与开发和分析过程紧密而交互地交织在一起

霍尔瑞斯穿孔卡片：早期存储数据的一种方式，一般包含 80 列

机器周期：计算机内部一个完整的处理周期

基数：参与某个关系的两个数据单元所出现的次数

集结区：一个以搁置方式存放待转换数据以等待其他事件发生的地方

记分卡：帮助管理员按照战略目标追踪性能情况的性能管理工具

记录：一个数据单元，通常包含键和属性

记录锁定：一种在更新处理过程中确保事务处理完整性的方式

记录系统：事实的唯一版本；创建具备数据完整性的系统；有且只有一个可以创建、更新和删除任意数据单元的地方

健康保险流通与责任法案（HIPAA）：旨在保护医疗隐私的法律

键：数据的一个标识性属性

节点：网络中可进行处理工作的一个地方

结构化数据：用数据库管理系统管理的数据

解析：读取文本并且查找存在于文本中的语境化值的过程

精算师：在预期寿命和事故概率方面受过训练的专业数学家

可执行代码：一个已经编译和解析并且准备进入执行阶段的程序

快照记录：某一时刻的数据记录，无法更新

垃圾邮件：企业外部产生的、没人想要的、他人主动发送的邮件

俚语：非正式的语言；非正式使用的语言，例如单词 ain't

粒度：数据记录的细节层次

连接：基于一个公共键来整合两个或者多个表的过程

链接：将两个系统或者两个环境构成一种公共关系的机制

罗马人口统计方法：将处理逻辑移动到数据而不是将数据移动到处理器的一种方式

逻辑数据模型：基于逻辑推断关系的数据模型

命名约定：在构建系统的过程中为变量赋予名称的方式

命名值处理：文本 ETL 的两种主要处理途径之一；命名值处理包括标准索引处理、内联语境化、自定义变量处理和其他形式的处理

模拟：一种由感知和信号驱动的计算类型，与数字计算机相对

模式：确定数据某种形式的方式

模式分析：尝试在出现的数据点中查找可识别的模式的分析

内存：用于计算机的高速存储器；内存是以电子速度进行访问和处理的

内存分析：通过在系统的随机访问内存（RAM）而不是磁盘中进行查询，利用内存优势提供更快和更深入的分析；内存分析架构的供选方案包括 BI 工具中的内存分析，它可作为数据库或 BI 工具平台的一部分

内联语境化：通过建立起始分隔符和终止分隔符来推断语境的方法

内容增强：进行了语境化的大数据

排列图：亦称帕累托图，是一种按照时间和分类来展示数值的方法

批处理：将事务处理分成多批一起处理

平面文件：每条记录的结构都相同的一个记录集

瀑布开发：SDLC 方法；之所以这么叫是因为其任一开发活动都必须在下一活动开始之前完成，而且任一活动层级上的输出都将作为下一层级的输入

企业数据：企业的全体数据

企业数据集成（EDI）：一种端到端的集成方法。这种方法的基本意义在于组织找到了一种平台或者策略，使之能够准确、可信且及时地集成无限量的异种数据

企业信息工厂（CIF）：以数据仓库为中心的架构，包含作业数据源、ETL、ODS 和数据集市

企业应用集成（EAI）：合并和集成企业中已有的应用程序。目的通常是当加入或者迁移到一组新的应用程序（有关互联网、电子商务及其他新技术）时，保护在遗留应用程序和数据库上的投资

企业元数据：面向整个企业范围的元数据

启发式过程：一个迭代过程，其中下一步的分析依赖于当前分析层级所获得的结果

气象数据：从有关地球天气情况的卫星上下载的数据

日志磁带：一种顺序记录系统中发生的各种行为的方式；有时也称作"日记"磁带。日志磁带的主要用途是进行系统的备份和恢复

软件发布：商用软件是通过软件不同版本的发布来控制的

萨班斯-奥克斯利法案：一个针对公共贸易公司信息合规性要求的法律；因为 Enron 公司的违法行为而通过

散列算法：将数据值转换成一个地址的算法

商业智能（BI）：用于将企业中现有的数据进行有效整合、快速准确地提供报表和决策依据、

帮助企业做出明智业务经营决策的一套完整方法

声音识别：使声音转换为电子格式的技术

时变：无法更新且数值在某一时刻准确的数据

实体：数据的一种粗略分类

实体关系图（ERD）：对企业各主题域如何协调配合的一种逻辑描述

事实表：在星型连接中存储基本事实的数据结构

事务处理：控制业务的计算机化过程，通常更新或创建数值

事务处理环境：一个企业进行事务处理的地方或设备

视频：有活动影像并且伴有音频的媒体

手动处理：通过人力来完成工作的处理模式

输入/输出操作（I/O）：从磁盘存储器读取一条记录或者向其写入一条记录的活动。I/O 操作是以机械速度执行的

竖井式系统：实际建立的与其他应用系统没有接口或者无法进行交换的应用系统，但是这些系统之间还存在一些公共数据

数据仓库：一种面向主题的、集成的、非易失的、时变的数据集，用于支持管理决策

数据词典：对企业有用的一种元数据存储库

数据的回流：从数据仓库到作业环境的数据迁移

数据的顺序分析：顺序访问数据的一种过程

数据的物理特征：一个数据单元或者数据结构的物理维度和构造

数据概况：数据质量过程的关键部分，包括检查源系统的数据是否在取值、范围、频率和关系等方面存在异常，以及检查其他可能影响未来分析工作的特征

数据集市：数据仓库的一个子集，通常面向一个业务小组或团队

数据科学家：致力于研究数据中的模式的人

数据可视化：以可视化方式呈现数据，例如采用图形或图表，以帮助业务人员发现和洞察他们没有注意到的信息；仪表板使用数据可视化的理念来呈现用于分析的数据。IT 通常也是自主服务 BI 的一部分，但是只有在保持数据质量的前提下它才是有效的

数据库：围绕某个主题进行组织的数据单元的结构化集合

数据库管理系统（DBMS）：用于管理磁盘上数据存储和访问的系统软件

数据库管理员（DA）：一种工作岗位，其职责包括企业的元数据管理

数据库管理员（DBA）：负责数据物理完整性的人员

数据块：一个可以包含多条数据记录的较大物理数据单元

数据流程图：一种表示数据移动方向的示意图

数据模型：数据的一种抽象

数据谱系：数据的"家谱"；当数据流经某个系统时会经过多种变换。谱系记录了数据从进入系统开始直到其被用于分析所经历的转换

数据清洗：查找和修正数据中的错误和不准确数据的过程

数据生命周期：认为数据在不同的阶段呈现出不同的特征

数据通信（DC）：用于管理事务处理所生成的消息的技术

数据退化：数据完整性随时间推移不断降低的趋向性

数据挖掘：分析大量的数据以寻找模式，例如记录分组、不正常的记录以及依赖等

数据完整性：在存储时确保数据的正确性和和准确性

数据项集（DIS）：一个数据模型的中间层级

数据虚拟化：检索和操作数据而无需详细知道数据如何组织或者位于何处的过程

数据治理：数据完整性管理所必需的活动

数据质量：通过"五 C"体现出的数据性质，即干净（clean）、一致（consistent）、合规（conformed）、当前（current）和全面（comprehensive）

数据总管：在企业中负责某种类型数据的完整性的人

速记：在抄写过程中不记录实际单词而是记录这些单词的缩写符号的一种实践工作方式

算法：用于管控一个过程活动流程的指令

缩略语消解：将缩写词汇扩展成为其字面含义的过程

索引：一个基于在记录中查找到的值来指引数据库记录地址的数据库

探查仓库：一种专门设计用于统计和分析处理的设施

提炼：分析大量数据记录（通常是大数据记录）并且产生某一结果的过程

提取词根：将单词缩减为其词根的过程。例如 moving、moved、mover 和 move 的词根为 mov

替代拼写：组成一个单词的另一种不同形式

停用词：一门语言中交流时需要但是并不需要传递信息的词。在英语中的停用词有 a、and、the、to 和 from 等

通用数据模型：一种行业数据模型，并不针对某个特定公司。一个通用数据模型可以用作一个模板，供要建模的行业中某一给定公司进行定制

同形异义词：一个单词或者短语，对它的解释取决于最初写下这些单词或短语的人

同形异义消解：基于文本发表人的身份来实现数据语境化的过程

同义词：在语法上，一个单词可以代替另一个单词的情形

统计分析：查看大量数值并且以数学方法评估这些数值的过程

图像：一张图片，例如一张待售房屋的真实资产照片或者一张 X 射线扫描片

图形用户接口（GUI）：采用图形方式显示的计算机操作用户界面

外部数据：来源在组织所属系统之外的数据

外键：当一条记录参与另一个表的关系当中，该属性用于区分这条记录

网络：两个或多个节点之间进行电子通信的方式

网状 DBMS：一种记录之间的基本关系为网状关系的 DBMS

维度建模：数据仓库行业普遍接受的实践方法，在维度数据模型中组织那些用于用户访问、分析和制表的数据

维护积压：在程序设计的早期阶段出现的程序与系统重新开发工作的堆叠

文本：词句；语言

文本 ETL：参见**文本消歧**

文本分析：基于文本进行的分析

文本消歧：读取文本并且将其格式化为一种标准数据库格式的过程

文档：文本数据的基本单元

文档编制：描述一个系统、应用程序、数据库、过程等的文章

文档分片：在文本消歧义中，按照顺序处理文本的过程；该过程查找满足条件的文本，例如按照停止词处理、词根处理和同形异义消解等标准进行搜索

文件：记录集

文件结构：记录集的组织

物理模型：数据外形和结构的物理定义（例如 DBMS 的定义）

系统开发生命周期（SDLC）：基于 Ed Yourdon 和 Tom DeMarco 的贡献形成的开发生命周期

下载：将大量数据从一个环境迁移到另一个环境中

相近度分析：一种基于单词或分类系统之间相近程度的分析

响应时间：从一个事务处理发起直到事务处理第一个输出返回给用户的时间度量

信息管理系统（IMS）：IBM 的一种层级结构 DBMS

信息技术组织（IT）：负责建设和管理应用程序以及技术系统的组织实体

星型模式：星型联接；包括一个事实表及其相关的维度表

休眠数据：电子化获取但是并不经常使用的数据

需求：对系统功能性需求的一种陈述

叙述：散文体的文本

雪花结构：将多个星型模式连接到一起的维度建模方法

氧化物：存储介质表面的材料，用于存储二进制信息

样板文件：一字不差进行复制的文本，用作通用模板

依赖型数据集市：将数据仓库作为单一数据来源的一种数据集市；依赖型数据集市是企业信息工厂的组件之一

仪表板：用于在显示屏上展示数值、指标和记分卡的数据可视化工具，进而便于业务人员从不同的数据源获取信息和定制外观

遗留系统：用于运行企业业务的老旧系统，定义于 10~20 年之前。

已有系统 X：一个已经完成并运行的系统

异常处理：识别和处理统计学上的离群点的工作实践

阴极射线管（CRT）：一种显示设备，一种屏幕

应用程序：一种计算机化的系统，旨在解决特定业务问题或者提供某种特殊业务功能

影响度分析：对由于系统的某种改变导致的工作和中断的评估

映射：对文本 ETL 的说明，给出如何解释一个文档或者文档类型

用户：参与计算的个体

有用性曲线：一种曲线，揭示了越新的数据越可能有用

语境：为一个单词赋予定义它的上下文环境

语境化：识别一个单词语境的过程

语言：用于与计算机交互的文本；有些语言在便于使用方面进行了优化，而另一些语言则在处理速度上进行了优化

预测分析：一种高级形式的分析，可以使用业务信息来查找模式并且预测未来结果和趋势；例如，通过查看一个客户的历史信用情况和其他常用于预测分析的数据来确定其信用积分

预处理：在文本处理之前进行的编辑

预定系统：支持企业服务和产品的常规预定的系统，例如航空公司、旅店连锁或者汽车租赁活动

元数据：元数据的经典定义是"关于数据的数据"

源代码：未编译版本的代码

在线分析处理（OLAP）：使用立方体分析业务数据的技术，它和电子表格中多维度的数据透视表（pivot table）很像。OLAP 工具可以进行趋势分析并且支持对数据的向下钻取。它们支持多维度分析，例如按照时间、产品和地理进行分析。OLAP 处理的主要类型有 MOLAP（多维 OLAP）和 ROLAP（关系 OLAP）。HOLAP（混合 OLAP）处理是对二者的整合

在线事务处理（OLTP）：执行在线事务处理的环境

在线响应时间：从操作员发起一个事务处理开始到该事务处理向用户返回结果的时间长度

正确文本：由语言老师教授的正式文本（与俚语、速记、笔记和注释等相对）

直接访问存储设备（DASD）：一种用于保存电子化数据的机械设备

直接数据访问：数据库管理系统直接查找数据的能力，与必须按顺序进行的数据搜索相对应

纸带：一种早期形式的存储器

指针：对另一个实体或者另一个实体的地址的参考

中央处理单元（CPU）：计算机的高速处理核心

重复型数据：数据单元在结构甚至内容上重复的数据

蛛网系统：以竖井方式成长的早期应用架构

主数据管理（MDM）：用于创建和维护一个一致性视图的一系列过程；也指企业参考数据的一个总的键列表。该数据包括下面这样的实体：客户、潜在客户、供应商、员工、产品、服务、资产和账目等。它还包括与这些实体相关的分组和层级结构

主题域问题专家（SME）：完全精通业务或者某个特定业务方向的人

主文件：数据库的前辈；一种存储结构，用于存储早期的记录系统

属性：一种与其他数值有所区别的数值

注释：一个包含自由格式文本的数据域

装载工具：DBMS 厂商提供的一种工具，可以将数据高效装载到 DBMS 中

子文档处理：文本 ETL 识别文本章节逻辑分组的过程

字节：一种基本的存储单元，通常长度为 8 位

自动取款机（ATM）：一种取钱的机器

自然语言处理（NLP）：认为文本的语境可以从文本本身推断出来的思想

自主服务 BI：不需要 IT 团队的帮助就能使 BI 用户获取所需信息的一种基础设施

最终用户分析师：负责针对数据和/或系统做分析处理的人

作业 BI：基于作业处理生成的数据进行的分析处理

作业环境：支持日常事务处理的处理中心

作业数据存储（ODS）：一种数据库类型，通常用作一个面向数据仓库的中间区域。与包含静态数据的数据仓库不同，ODS 的内容在业务运营的过程中是不断更新的。它还是一种数据结构，既有数据仓库的一些特性，也有作业系统的一些特性。通常，ODS 是一种可选的结构，有些公司需要用到，有些则不需要

版权声明